한국산업인력공단 새 출제기준에 따른 최신판!!

한식조리기능사 실기시험문제

NCS 기반

대한민국 국가대표 브랜드
국가자격 시험문제 전문출판
에듀크라운
국가자격시험문제 전문출판
최고의 적중률!! 최고의 합격률!!
크라운출판사
국가자격시험문제 전문출판
http://www.crownbook.co.kr

노 수 정

약력

- 세종대학교 대학원(조리학 전공) 박사
- 성균관대학교 대학원(식품영양 위생전공) 석사
- 現) 대경대학교 호텔조리과 교수
- 우송대학교 외식조리학과 초빙교수
- 국가기술자격 조리기능사 실기시험 감독위원
- 국가기술자격 조리산업기사 실기시험 감독위원
- 국가기술자격 조리기능장 실기시험 감독위원
- 국가공인 조리기능장

저서

- NCS 합격 조리기능사_크라운출판사
- NCS 최신 조리기능사 총정리문제_크라운출판사
- NCS 한식 조리사 실기시험문제_크라운출판사
- NCS 양식 조리사 실기시험문제_크라운출판사
- NCS 한식 조리기능사 필기시험문제_크라운출판사
- NCS 양식 조리기능사 필기시험문제_크라운출판사
- NCS 중식 조리기능사 필기시험문제_크라운출판사
- NCS 일식 · 복어 조리기능사 필기시험문제_크라운출판사
- 조리기능사 필기 최근 3년간 출제문제_크라운출판사
- 몸을 가볍게 하는 다이어트 샐러드_크라운출판사

촬영

- 사진기자 : 정석용, 김장곤

내용문의

- 010-5494-0990
- rsj7@tk.ac.kr

KOREAN FOOD
cook practical
technique

한식조리기능사 실기 교재를 펴내면서

21세기 한식 요리문화는 단순히 영양을 섭취하여 신체의 원활한 활동을 유지하는 것이 아니라 맛과 분위기를 연출해서 행복한 시간을 갖는 문화로 변하고 있습니다.

최근 요리문화가 다양한 미적감각으로 변화함에 따라 다양한 음식생활 문화가 창출되고 있으며 이에 따라 새로운 음식을 갖게 하는 독특한 음식문화가 창출되고 있습니다. 이러한 때일수록 이제 우리도 전통음식을 계승하고 연구하여 세계적인 요리로 발전시켜 경쟁력을 키우는 것이 무엇보다 중요합니다. 이 한식조리사 실기문제 교재는 한식조리기능사 자격시험에 응시하여 자격증을 취득하고자 하는 분들을 위해 한국산업인력공단에서 실시하는 한식조리기능사 실기시험 공개 문제 33가지의 출제문제와 채점기준을 철저하게 분석하여 다음과 같은 사항에 중점을 두어 엮었습니다.

1. 한식 조리 33가지 메뉴 모두를 각 과정별 컬러 사진으로 설명하여 수험생 스스로 사진을 보고 실습이 가능하도록 하였습니다.
2. 한식 조리 33가지 실기시험문제 지급재료를 주재료 기준으로 수록하였습니다.
3. 실기시험 채점과 직결되는 중요한 조리법은 참고란을 만들어 이해를 높혔습니다.

이 교재를 집필한 선생님은 현장실무 경험과 강의 경험 및 한식실기시험 감독을 통해 수험생들이 이해하기 쉽게 재료 하나하나의 조리법을 설명하였습니다. 이 교재로 공부한 수검자 모두에게 합격의 영광이 함께하기를 기대하며 부족한 부분은 계속 수정 · 보완하여 알찬 교재가 되도록 노력할 것을 약속드립니다.

끝으로 어려운 여건하에서도 내용과 집필과정에 여러 가지 도움을 주신 모든 출제위원님과 관계 전문가, 또한 전과정의 조리진행에 도움을 준 제자들과 사진촬영을 맡아주신 정석용 기자님, 출판을 허락하여 주신 크라운출판사 회장님과 편집부 임직원 여러분께 고마움을 전합니다.

저자 일동

▣ 이 책의 내용 문의는 rsj7@tk.ac.kr 또는 010-5494-0990으로 하시기 바랍니다.

KOREAN FOOD
cook practical
technique

한식조리기능사 실기시험문제 목차

· 한국 음식의 개요

· 한식조리기능사 실기시험문제

생활요리 및 출장요리 특선모음

한식조리기능사 실기 문제 현황

연번	출제기준	과제수	과제명
계		33	
1	한식기초조리실무	1	재료썰기
2	한식 밥조리	2	콩나물밥, 비빔밥
3	한식 죽조리	1	장국죽
4	한식 국·탕조리	1	완자탕
5	한식 찌개조리	2	두부젓국찌개, 생선찌개
6	한식 전·적조리	7	생선전, 육원전, 표고전, 섭산적, 화양적, 지짐누름적, 풋고추전
7	한식 생채·회조리	6	무생채, 도라지생채, 더덕생채, 겨자채, 육회, 미나리강회
8	한식 조림·초조리	2	두부조림, 홍합초
9	한식 구이조리	5	너비아니구이, 제육구이, 북어구이, 더덕구이, 생선양념구이
10	한식 숙채조리	3	잡채, 탕평채, 칠절판
11	한식 볶음조리	1	오징어볶음
12	한식 김치조리	2	배추김치, 오이 소박이

한식조리기능사 출제기준(실기)

직무분야	음식서비스	중직무분야	조리	자격종목	한식조리기능사	적용기간	2023.1.1.～2025.12.31.

○ **직무내용** : 한식메뉴 계획에 따라 식재료를 선정, 구매, 검수, 보관 및 저장하며 맛과 영양을 고려하여 안전하고 위생적으로 음식을 조리하고 조리기구와 시설관리를 수행하는 직무이다.

○ **수행준거** :
1. 음식조리 작업에 필요한 위생관련 지식을 이해하고, 주방의 청결상태와 개인위생 · 식품위생을 관리하여 전반적인 조리작업을 위생적으로 수행할 수 있다.
2. 한식조리를 수행함에 있어 칼 다루기, 기본 고명 만들기, 한식 기초 조리법 등 기본적인 지식을 이해하고 기능을 익혀 조리업무에 활용할 수 있다.
3. 쌀을 주재료로 하거나 혹은 다른 곡류나 견과류, 육류, 채소류, 어패류 등을 섞어 물을 붓고 강약을 조절하여 호화되게 밥을 조리할 수 있다.
4. 곡류 단독으로 또는 곡류와 견과류, 채소류, 육류, 어패류 등을 함께 섞어 물을 붓고 불의 강약을 조절하여 호화되게 죽을 조리할 수 있다.
5. 육류나 어류 등에 물을 많이 붓고 오래 끓이거나 육수를 만들어 채소나 해산물, 육류 등을 넣어 한식 국 · 탕을 조리할 수 있다.
6. 육수나 국물에 장류나 젓갈로 간을 하고 육류, 채소류, 버섯류, 해산물류를 용도에 맞게 썰어 넣고 함께 끓여서 한식 찌개를 조리할 수 있다.
7. 육류, 어패류, 채소류 등의 재료를 익기 쉽게 썰고 그대로 혹은 꼬치에 꿰어서 밀가루와 달걀을 입힌 후 기름에 지져서 한식 전 · 적 조리를 할 수 있다.
8. 채소를 살짝 절이거나 생것을 영념하여 생채 · 회조리를 할 수 있다.

실기검정방법	작업형	시험시간	70분 정도

실기 과목명	주요항목	세부항목	세세항목
한식 조리 실무	1 음식 위생관리	1. 개인위생 관리하기	1. 위생관리기준에 따라 조리복, 조리모, 앞치마, 조리안전화 등을 착용할 수 있다 2. 두발, 손톱, 손 등 신체청결을 유지하고 작업수행 시 위생습관을 준수할 수 있다. 3. 근무 중의 흡연, 음주, 취식 등에 대한 작업장 근무수칙을 준수할 수 있다. 4. 위생관련법규에 따라 질병, 건강검진 등 건강상태를 관리하고 보고할 수 있다.
		2. 식품위생 관리하기	1 식품의 유통기한 · 품질 기준을 확인하여 위생적인 선택을 할 수 있다. 2 채소 · 과일의 농약 사용여부와 유해성을 인식하고 세척할 수 있다. 3 식품의 위생적 취급기준을 준수할 수 있다. 4 식품의 반입부터 저장, 조리과정에서 유독성, 유해물질의 혼입을 방지할 수 있다.
		3. 주방위생 관리하기	1 주방 내에서 교차오염 방지를 위해 조리생산 단계별 작업공간을 구분하여 사용할 수 있다. 2 주방위생에 있어 위해요소를 파악하고, 예방할 수 있다. 3 주방, 시설 및 도구의 세척, 살균, 해충 · 해서 방제작업을 정기적으로 수행할 수 있다. 4 시설 및 도구의 노후상태나 위생상태를 점검하고 관리할 수 있다. 5 식품이 조리되어 섭취되는 전 과정의 주방 위생 상태를 점검하고 관리할 수 있다. 6 HACCP적용업장의 경우 HACCP관리기준에 의해 관리할 수 있다.

실 기 과목명	주요항목	세부항목	세세항목
	2. 음식 안전관리	1. 개인안전 관리하기	1 안전관리 지침서에 따라 개인 안전관리 점검표를 작성할 수 있다. 2 개인안전사고 예방을 위해 도구 및 장비의 정리정돈을 상시할 수 있다. 3 주방에서 발생하는 개인 안전사고의 유형을 숙지하고 예방을 위한 안전수칙을 지킬 수 있다. 4 주방 내 필요한 구급품이 적정 수량 비치되었는지 확인하고 개인 안전 보호 장비를 정확하게 착용하여 작업할 수 있다. 5 개인이 사용하는 칼에 대해 사용안전, 이동안전, 보관안전을 수행할 수 있다. 6 개인의 화상사고, 낙상사고, 근육팽창과 골절사고, 절단사고, 전기기구에 인한 전기쇼크 사고, 화재사고와 같은 사고 예방을 위해 주의사항을 숙지하고 실천할 수 있다. 7 개인 안전사고 발생 시 신속 정확한 응급조치를 실시하고 재발 방지 조치를 실행할 수 있다.
		2. 장비 · 도구 안전작업하기	1 조리장비 · 도구에 대한 종류별 사용방법에 대해 주의사항을 숙지할 수 있다. 2 조리장비 · 도구를 사용 전 이상 유무를 점검할 수 있다. 3 안전 장비류 취급 시 주의사항을 숙지하고 실천할 수 있다. 4 조리장비 · 도구를 사용 후 전원을 차단하고 안전수칙을 지키며 분해하여 청소할 수 있다. 5 무리한 조리장비 · 도구 취급은 금하고 사용 후 일정한 장소에 보관하고 점검할 수 있다. 6 모든 조리장비 · 도구는 반드시 목적 이외의 용도로 사용하지 않고 규격품을 사용할 수 있다.
		3 작업환경 안전관리하기	1 작업환경 안전관리 시 작업환경 안전관리 지침서를 작성할 수 있다. 2 작업환경 안전관리 시 작업장 주변 정리 정돈 등을 관리 점검할 수 있다. 3 작업환경 안전관리 시 제품을 제조하는 작업장 및 매장의 온 · 습도관리를 통하여 안전사고요소 등을 제거할 수 있다. 4 작업장 내의 적정한 수준의 조명과 환기, 이물질, 미끄럼 및 오염을 방지할 수 있다. 5 작업환경에서 필요한 안전관리시설 및 안전용품을 파악하고 관리할 수 있다. 6 작업환경에서 화재의 원인이 될 수 있는 곳을 자주 점검하고 화재진압기를 배치하고 사용할 수 있다. 7 작업환경에서의 유해, 위험, 화학물질을 처리기준에 따라 관리할 수 있다. 8 법적으로 선임된 안전관리책임자가 정기적으로 안전교육을 실시하고 이에 참여할 수 있다.
	3 한식 기초 조리 실무	1 기본 칼 기술 습득하기	1 칼의 종류와 사용용도를 이해할 수 있다. 2 기본 썰기 방법을 습득할 수 있다. 3 조리목적에 맞게 식재료를 썰 수 있다. 4 칼을 연마하고 관리할 수 있다.
		2 기본 기능 습득하기	1 한식 기본양념에 대한 지식을 이해하고 습득할 수 있다. 2 한식 고명에 대한 지식을 이해하고 습득할 수 있다. 3 한식 기본 육수조리에 대한 지식을 이해하고 습득할 수 있다. 4 한식 기본 재료와 전처리 방법, 활용방법에 대한 지식을 이해하고 습득할 수 있다.
		3 기본 조리법 습득하기	1 한식의 종류와 상차림에 대한 지식을 이해하고 습득할 수 있다. 2 조리도구의 종류 및 용도를 이해하고 적절하게 사용할 수 있다. 3 식재료의 정확한 계량방법을 습득할 수 있다. 4 한식 기본 조리법과 조리원리에 대한 지식을 이해하고 습득할 수 있다.

실 기 과목명	주요항목	세부항목	세세항목
	4 한식 밥 조리	1 밥 재료 준비하기	1 쌀과 잡곡의 비율을 필요량에 맞게 계량할 수 있다. 2 쌀과 잡곡을 씻고 용도에 맞게 불리기를 할 수 있다. 3 부재료는 조리법에 맞게 손질할 수 있다. 4 돌솥, 압력솥 등 사용할 도구를 선택하고 준비할 수 있다
		2 밥 조리하기	1 밥의 종류와 형태에 따라 조리시간과 방법을 조절할 수 있다. 2 조리 도구, 조리법과 쌀, 잡곡의 재료특성에 따라 물의 양을 가감할 수 있다. 3 조리도구와 조리법에 맞도록 화력조절, 가열시간 조절, 뜸들이기를 할 수 있다.
		3 밥 담기	1 밥에 따라 색, 형태, 분량 등을 고려하여 그릇을 선택할 수 있다. 2 밥을 따뜻하게 담아낼 수 있다. 3 조리종류에 따라 나물 등 부재료와 고명을 얹거나 양념장을 곁들일 수 있다.
	5 한식 죽조리	1 죽 재료 준비하기	1 사용할 도구를 선택하고 준비할 수 있다. 2 쌀 등 곡류와 부재료를 필요량에 맞게 계량할 수 있다. 3 곡류를 종류에 맞게 불리기를 할 수 있다. 4 조리법에 따라서 쌀 등 재료를 갈거나 분쇄 할 수 있다. 5 부재료는 조리법에 맞게 손질할 수 있다.
		2 죽 조리하기	1 죽의 종류와 형태에 따라 조리시간과 방법을 조절할 수 있다. 2 조리 도구, 조리법, 쌀과 잡곡의 재료특성에 따라 물의 양을 가감할 수 있다. 3 조리도구와 조리법, 재료특성에 따라 화력과 가열시간을 조절할 수 있다.
		3 죽 담기	1 죽에 따라 색, 형태, 분량 등을 고려하여 그릇을 선택할 수 있다. 2 죽을 따뜻하게 담아낼 수 있다. 3 조리종류에 따라 고명을 올릴 수 있다.
	6 한식 국 · 탕 조리	1 국 · 탕 재료 준비하기	1 조리 종류에 맞추어 도구와 재료를 준비할 수 있다. 2 조리에 사용하는 재료를 필요량에 맞게 계량할 수 있다. 3 재료에 따라 요구되는 전 처리를 수행할 수 있다. 4 찬물에 육수재료를 넣고 끓이는 시간과 불의 강도를 조절할 수 있다. 5 끓이는 중 부유물을 제거하여 맑은 육수를 만들 수 있다. 6 육수의 종류에 따라 적정 온도로 보관할 수 있다.
		2 국 · 탕 조리하기	1 물이나 육수에 재료를 넣어 끓일 수 있다. 2 부재료와 양념을 적절한 시기와 분량에 맞춰 첨가할 수 있다. 3 조리 종류에 따라 끓이는 시간과 화력을 조절할 수 있다. 4 국 · 탕의 품질을 판정하고 간을 맞출 수 있다.
		3 국 · 탕 담기	1 국 · 탕에 따라 색, 형태, 분량 등을 고려하여 그릇을 선택할 수 있다. 2 국 · 탕은 조리특성에 따라 적정한 온도로 제공할 수 있다. 3 국 · 탕은 국물과 건더기의 비율에 맞게 담아낼 수 있다. 4 국 · 탕의 종류에 따라 고명을 활용할 수 있다.
	7 한식 찌개조리	1 찌개 재료 준비하기	1 조리종류에 따라 도구와 재료를 할 수 있다. 2 조리에 사용하는 재료를 필요량에 맞게 계량할 수 있다. 3 재료에 따라 요구되는 전처리를 수행할 수 있다. 4 찬물에 육수 재료를 넣고 서서히 끓일 수 있다. 5 끓이는 중 부유물과 기름이 떠오르면 걷어내어 제거할 수 있다. 6 조리종류에 따라 끓이는 시간과 불의 강도를 조절할 수 있다.

실 기 과목명	주요항목	세부항목	세세항목
		2 찌개 조리하기	1 채소류 중 단단한 재료는 데치거나 삶아서 사용할 수 있다. 2 조리법에 따라 재료는 양념하여 밑간할 수 있다. 3 육수에 재료와 양념의 첨가 시점을 조절하여 넣고 끓일 수 있다.
		3 찌개 담기	1 찌개에 따라 색, 형태, 분량 등을 고려하여 그릇을 선택할 수 있다. 2 조리 특성에 맞게 건더기와 국물의 양을 조절할 수 있다. 3 온도를 뜨겁게 유지하여 제공할 수 있다.
	8 한식 전 · 적 조리	1 전 · 적 재료 준비하기	1 전 · 적의 조리종류에 따라 도구와 재료를 준비할 수 있다. 2 조리에 사용하는 재료를 필요량에 맞게 계량할 수 있다. 3 전 · 적의 종류에 따라 재료를 전 처리하여 준비할 수 있다.
		2 전 · 적 조리하기	1 밀가루, 달걀 등의 재료를 섞어 반죽 물 농도를 맞출 수 있다. 2 조리의 종류에 따라 속 재료 및 혼합재료 등을 만들 수 있다. 3 주재료에 따라 소를 채우거나 꼬치를 활용하여 전 · 적의 형태를 만들 수 있다. 4 재료와 조리법에 따라 기름의 종류 · 양과 온도를 조절하여 지져 낼 수 있다.
		3 전 · 적 담기	1 전 · 적에 따라 색, 형태, 분량 등을 고려하여 그릇을 선택할 수 있다. 2 전 · 적의 조리는 기름을 제거하여 담아낼 수 있다. 3 전 · 적 조리를 따뜻한 온도, 색, 풍미를 유지하여 담아낼 수 있다
	9 한식 생채 · 회 조리	1 생채 · 회 재료 준비하기	1 생채 · 회의 종류에 맞추어 도구와 재료를 준비할 수 있다. 2 조리에 사용하는 재료를 필요량에 맞게 계량할 수 있다. 3 재료에 따라 요구되는 전 처리를 수행할 수 있다.
		2 생채 · 회 조리하기	1 양념장 재료를 비율대로 혼합, 조절할 수 있다. 2 재료에 양념장을 넣고 잘 배합되도록 무칠 수 있다. 3 재료에 따라 회 · 숙회로 만들 수 있다.
		3 생채 · 회 담기	1 생채 · 회에 따라 색, 형태, 분량 등을 고려하여 그릇을 선택할 수 있다. 2 생채 · 회의 색, 형태, 분량을 고려하여 그릇에 담아낼 수 있다. 3 조리종류에 따라 양념장을 곁들일 수 있다.
	10 한식 구이조리	1 구이 재료 준비하기	1 구이의 종류에 맞추어 도구와 재료를 준비할 수 있다. 2 조리에 사용하는 재료를 필요량에 맞게 계량할 수 있다. 3 재료에 따라 요구되는 전 처리를 수행할 수 있다. 4 양념장 재료를 비율대로 혼합, 조절할 수 있다. 5 필요에 따라 양념장을 숙성할 수 있다.
		2 구이 조리하기	1 구이종류에 따라 유장처리나 양념을 할 수 있다. 2 구이종류에 따라 초벌구이를 할 수 있다. 3 온도와 불의 세기를 조절하여 익힐 수 있다. 4 구이의 색, 형태를 유지할 수 있다.
		3 구이 담기	1 구이에 따라 색, 형태, 분량 등을 고려하여 그릇을 선택할 수 있다. 2 조리한 음식을 부서지지 않게 담을 수 있다. 3 구이 종류에 따라 적정 온도를 유지하여 담을 수 있다. 4 조리종류에 따라 고명으로 장식할 수 있다.

실 기 과목명	주요항목	세부항목	세세항목
	11 한식 조림 · 초조리	1 조림 · 초 재료 준비하기	1 조림 · 초 조리에 따라 도구와 재료를 준비할 수 있다. 2 조리에 사용하는 재료를 필요량에 맞게 계량할 수 있다. 3 조림 · 조리의 재료에 따라 전 처리를 수행할 수 있다. 4 양념장 재료를 비율대로 혼합, 조절할 수 있다. 5 필요에 따라 양념장을 숙성할 수 있다.
		2 조림 · 초 조리하기	1 조리종류에 따라 준비한 도구에 재료를 넣고 양념장에 조릴 수 있다. 2 재료와 양념장의 비율, 첨가 시점을 조절할 수 있다. 3 재료가 눌어붙거나 모양이 흐트러지지 않게 화력을 조절하여 익힐 수 있다. 4 조리종류에 따라 국물의 양을 조절할 수 있다.
		3 조림 · 초 담기	1 조림 · 초에 따라 색, 형태, 분량 등을 고려하여 그릇을 선택할 수 있다. 2 조리종류에 따라 국물 양을 조절하여 담아낼 수 있다. 3 조림, 초, 조리에 따라 고명을 얹어 낼 수 있다.
	12 한식 볶음조리	1 볶음 재료 준비하기	1 볶음조리에 따라 도구와 재료를 준비할 수 있다. 2 조리에 사용하는 재료를 필요량에 맞게 계량할 수 있다. 3 볶음조리의 재료에 따라 전 처리를 수행할 수 있다. 4 양념장 재료를 비율대로 혼합, 조절하여 만들 수 있다. 5 필요에 따라 양념장을 숙성할 수 있다.
		2 볶음 조리하기	1 조리종류에 따라 준비한 도구에 재료와 양념장을 넣어 기름으로 볶을 수 있다. 2 재료와 양념장의 비율, 첨가 시점을 조절할 수 있다. 3 재료가 눌어붙거나 모양이 흐트러지지 않게 화력을 조절하여 익힐 수 있다.
		3 볶음 담기	1 볶음에 따라 색, 형태, 분량 등을 고려하여 그릇을 선택할 수 있다. 2 그릇형태에 따라 조화롭게 담아낼 수 있다. 3 볶음조리에 따라 고명을 얹어 낼 수 있다.
	13 한식 숙채조리	1 숙채 재료 준비하기	1 숙채의 종류에 맞추어 도구와 재료를 준비할 수 있다. 2 조리에 사용하는 재료를 필요량에 맞게 계량할 수 있다. 3 재료에 따라 요구되는 전처리를 수행할 수 있다.
		2 숙채 조리하기	1 양념장 재료를 비율대로 혼합, 조절할 수 있다. 2 조리법에 따라서 삶거나 데칠 수 있다. 3 양념이 잘 배합되도록 무치거나 볶을 수 있다.
		3 숙채 담기	1 숙채에 따라 색, 형태, 분량 등을 고려하여 그릇을 선택할 수 있다. 2 숙채의 색, 형태, 재료, 분량을 고려하여 그릇에 담아낼 수 있다. 3 조리종류에 따라 고명을 올리거나 양념장을 곁들일 수 있다.
	14 김치조리	1 김치 재료 준비하기	1 김치의 종류에 맞추어 도구와 재료를 준비할 수 있다. 2 조리에 사용하는 재료를 필요량에 맞게 계량할 수 있다. 3 재료에 따라 요구되는 전 처리(절이기 등)를 수행할 수 있다.
		2 김치 조리하기	1 양념장 재료를 비율대로 혼합, 조절할 수 있다. 2 김치의 특성에 맞도록 주재료에 부재료와 양념의 비율을 조절하여 소를 넣거나 버무릴 수 있다. 3 김치의 종류에 따라 국물의 양을 조절할 수 있다.
		3 김치 담기	1 조리종류와 색, 형태, 분량 등을 고려하여 그릇을 선택할 수 있다. 2 김치의 색, 형태, 재료, 분량을 고려하여 그릇에 담아낼 수 있다. 3 김치의 종류에 따라 조화롭게 담아낼 수 있다.

한식조리기능사 실기시험 안내

1. 응시자격 기준 : 조리기능사(한식, 양식, 일식, 중식, 복어) : 응시 자격에 제한이 없음

2. 검정방법 : 필기시험 후 합격자에 한하여 실기 시험 응시(상시시험)

3. 검정 시행 형태 및 합격결정 기준

계열	자격등급	필기시험	실기시험
기능계	기능사	객관식 4지 택일형(100점 만점에 60점 이상)	작업형(100점 만점에 60점 이상)

4. 실기시험 진행 방법

1) 1차 필기시험에서 합격한 수험생은 2차 실기시험에 대하여 2년간 연속하여 응시할 수 있다.
2) 실기시험의 일시와 장소는 실기시험 5일 전에 해당 지방 사무소에 게시 공고된다.
3) 수검자는 자신의 수검번호와 시험날짜 및 시간, 장소를 정확히 확인하여 지정된 시험시간 30분 전에 시험장에 도착하여 수검자 대기실에서 대기한다.
4) 출석을 확인한 후 비번호(등번호)를 배정받고 대기실에서 실기 시험장 내로 이동한다.
5) 각자의 등번호와 같은 조리대를 찾아 개인 준비물을 꺼내 놓고 정돈하며 본부 요원의 지시에 따라 시험 볼 주재료와 양념류를 확인하고 조리기구를 점검한다.
6) 지급재료 목록표와 본인이 지급받은 재료를 비교하여 차이가 없는지 확인하여 차이가 있으면 시험 위원에게 알려 시험이 시작되기 전에 조치를 받도록 한다.
7) 시험 시작을 알리면 음식 만들기에 들어간다.
8) 수검자 요구사항을 충분히 숙지하여 정해진 시간 내에 지정된 조리작품 2가지를 만들어 등번호표와 함께 제출하고 이어서 청소 및 정돈을 한다.
9) 익혀야 할 음식을 익히지 않았거나 태웠을 경우, 요구사항에 나와 있는 작품의 갯수보다 부족할 경우, 가스렌지 화구 2개 이상 사용한 경우 또는 연장 시간을 사용할 경우 채점 대상에서 제외된다. 합격선은 60점 이상이다.

5. 시험장에서의 주의사항

1) 검정시험은 지정된 것을 사용하여야 하며 재료를 시험장 내에 지참할 수 없다.
2) 시험장 내에서는 정숙하여야 한다.
3) 지정된 장소를 이탈할 경우 감독위원의 사전 승인을 받아야 한다.
4) 조리기구 중 가스 및 칼 등을 사용할 때에는 안전을 유념하여야 한다.
5) 지급 재료는 1회에 한하여 지급되며 재 지급은 하지 않는다. 다만 검정시행 전 수검자가 사전에 지급된 재료를 검수하여 불량 재료 또는 지급량이 부족하다고 판단될 경우에는 즉시 시험위원에게 통보하여 교환 또는 추가 지급받도록 한다.
6) 지급된 재료는 1인분의 양이므로 주재료 전부를 사용하여 조리하여야 한다.

7) 감독위원이 요구하는 작품이 두 가지인 경우도 두 가지 요리를 모두 선택 분야별로 지정되어 있는 표준시간 내에 완성하여야 한다.
8) 요구 작품이 두 가지인 경우 한 가지 작품만 만들었을 경우에는 미완성으로 채점 대상에서 제외된다.
9) 불을 사용하여 만든 조리작품이 불에 익지 않은 경우에는 미완성으로 채점 대상에서 제외된다.
10) 시험 중 시설 · 장비(칼, 가스레인지) 사용 시 감독위원 및 타수험자의 시험 진행에 위협이 될 것으로 감독위원 전원이 합의하여 판단한 경우 실격처리된다.
11) 검정이 완료되면 작품을 감독위원이 지시하는 장소에 신속히 제출하여야 한다.
12) 작품을 제출한 다음 본인이 조리한 장소와 주변 등을 깨끗이 청소하고 조리기구 등은 정리 정돈 후 감독 위원의 지시에 따라 시험실에서 퇴장한다.

6. 한식조리기능사 실기 수험자 지참준비물 목록

번호	재료명	규격	단위	수량	비고
1	가위	–	EA	1	
2	강판	–	EA	1	
3	계량스푼	–	EA	1	
4	계량컵	–	EA	1	
5	국대접	기타 유사품 포함	EA	1	
6	국자	–	EA	1	시험장에도 준비되어 있음
7	냄비	–	EA	1	시험장에도 준비되어 있음
8	도마	흰색또는 나무도마	EA	1	시험장에도 준비되어 있음
9	뒤집개	–	EA	1	
10	랩	–	EA	1	
11	마스크		EAEA	1	*위생복장(위생복,위생모,앞치마,마스크)을 착용하지 않을 경우 채점대상에서 제외(실격)됩니다.
12	면포/행주	흰색	장	1	
13	밀대	–	EA	1	
14	밥공기	–	EA	1	
15	볼(bowl)	–	EA	1	
16	비닐백	위생백, 비닐봉지 등 유사품 포함	장	1	
17	상비의약품	손가락골무, 밴드 등	EA	1	
18	석쇠	–	EA	1	
19	쇠조리(혹은 체)	–	EA	1	
20	숟가락	차스푼 등 유사품 포함	EA	1	
21	앞치마	흰색(남,녀공용)	EA	1	*위생복장(위생복,위생모,앞치마,마스크)을 착용하지 않을 경우 채점대상에서 제외(실격)됩니다.

22	위생모	흰색	EA	1	*위생복장(위생복,위생모,앞치마,마스크)을 착용하지 않을 경우 채점대상에서 제외(실격)됩니다.
23	위생복	상의–흰색/긴소매, 하의–긴바지(색상무관)	벌	1	*위생복장(위생복,위생모,앞치마,마스크)을 착용하지 않을 경우 채점대상에서 제외(실격)됩니다.
24	위생타올	키친타올, 휴지 등 유사품 포함	장	1	
25	이쑤시개	산적꼬치 등 유사품 포함	EA	1	
26	접시	양념접시 등 유사품 포함	EA	1	
27	젓가락		EA	1	
28	종이컵	–	EA	1	
29	종지	–	EA	1	
30	주걱	–	EA	1	
31	집게	–	EA	1	
32	칼	조리용칼, 칼집포함	EA	1	
33	호일	–	EA	1	
34	후라이팬	–	EA	1	시험장에도 준비되어 있음

1. 지참준비물의 수량은 최소 필요수량이므로 수험자가 필요시 추가 지참 가능합니다.
2. 지참준비물은 일반적인 조리용을 의미하며 , 기관명 , 이름 등 표시가 없는 것이어야 합니다.
3. 지참준비물 중 수험자 개인에 따라 과제를 조리하는데 불필요하다고 판단되는 조리기구는 지참하지 않아도 됩니다.
4. 지참준비물 목록에는 없으나 조리에 직접 사용되지 않는 조리 주방용품 (예, 수저통 등)은 지참 가능합니다.
5. 수험자지참준비물 이외의 조리기구를 사용한 경우 채점대상에서 제외 (실격)됩니다.
6. 위생상태 세부기준은 큐넷 –자료실 –공개문제에 공지된 "위생상태 및 안전관리 세부기준 "을 참조하시기 바랍니다.

7. 개인위생상태 및 안전관리 세부기준

1) 위생상태 및 안전관리 세부기준

순번	구분	세부기준
1	위생복 상의	• 전체 흰색, 손목까지 오는 긴소매 –조리과정에서 발생 가능한 안전사고(화상 등) 예방 및 식품위생(체모 유입방지, 오염도 확인 등) 관리를 위한 기준 적용 –조리과정에서 편의를 위해 소매를 접어 작업하는 것은 허용 –부직포, 비닐 등 화재에 취약한 재질이 아닐 것, 팔토시는 긴팔로 불인정 • 상의 여밈은 위생복에 부착된 것이어야 하며 벨크로(일명 찍찍이), 단추 등의 크기, 색상, 모양, 재질은 제한하지 않음(단, 핀 등 별도 부착한 금속성은 제외)
2	위생복 하의	• 색상 · 재질무관, 안전과 작업에 방해가 되지 않고, 발목까지 오는 긴바지 –조리기구 낙하, 화상 등 안전사고 예방을 위한 기준 적용
3	위생모	• 전체 흰색, 빈틈이 없고 바느질 마감처리가 되어 있는 일반 조리장에서 통용되는 위생모(모자의 크기, 길이, 모양, 재질(면 · 부직포 등)은 무관)
4	앞치마	• 전체 흰색, 무릎아래까지 덮이는 길이 –상하일체형(목끈형) 가능, 부직포 · 비닐 등 화재에 취약한 재질이 아닐 것
5	마스크	• 침액을 통한 위생상의 위해 방지용으로 종류는 제한하지 않음(단, 감염병 예방법에 따라 마스크 착용 의무화 기간에는 '투명 위생 플라스틱 입가리개'는 마스크 착용으로 인정하지 않음)
6	위생화 (작업화)	• 색상 무관, 굽이 높지 않고 발가락 · 발등 · 발뒤꿈치가 덮여 안전사고를 예방할 수 있는 깨끗한 운동화 형태
7	장신구	• 일체의 개인용 장신구 착용 금지(단, 위생모 고정을 위한 머리핀 허용)
8	두발	• 단정하고 청결할 것, 머리카락이 길 경우 흘러내리지 않도록 머리망을 착용하거나 묶을 것
9	손/손톱	• 손에 상처가 없어야 하나, 상처가 있을 경우 보이지 않도록 할 것(시험위원 확인 하에 추가 조치 가능) • 손톱은 길지 않고 청결하며 매니큐어, 인조손톱 등을 부착하지 않을 것
10	폐식용유 처리	• 사용한 폐식용유는 시험위원이 지시하는 적재장소에 처리할 것
11	교차오염	• 교차오염 방지를 위한 칼, 도마 등 조리기구 구분 사용은 세척으로 대신하여 예방할 것 • 조리기구에 이물질(예, 테이프)을 부착하지 않을 것
12	위생관리	• 재료, 조리기구 등 조리에 사용되는 모든 것은 위생적으로 처리하여야 하며, 조리용으로 적합한 것일 것
13	안전사고 발생 처리	• 칼 사용(손 빔) 등으로 안전사고 발생 시 응급조치를 하여야 하며, 응급조치에도 지혈이 되지 않을 경우 시험진행 불가
14	부정 방지	• 위생복, 조리기구 등 시험장내 모든 개인물품에는 수험자의 소속 및 성명 등의 표식이 없을 것(위생복의 개인 표식 제거는 청테이프로 부착 가능)
15	테이프 사용	• 위생복 상의, 앞치마, 위생모의 소속 및 성명을 가리는 용도로만 허용

※ 위 내용은 안전관리인증기준(HACCP) 평가(심사) 매뉴얼, 위생등급 가이드라인 평가 기준 및 시행상의 운영사항을 참고하여 작성된 기준입니다.

2) 위생상태 및 안전관리에 대한 채점기준 안내

위생 및 안전 상태	채점기준
1. 위생복(상/하의), 위생모, 앞치마, 마스크 중 한 가지라도 미착용한 경우 2. 평상복(흰티셔츠, 와이셔츠), 패션모자(흰털모자, 비니, 야구모자) 등 기준을 벗어난 위생복장을 착용한 경우	실격 (채점대상 제외)
3. 위생복(상/하의), 위생모, 앞치마, 마스크를 착용하였더라도 • 무늬가 있거나 유색의 위생복 상의 · 위생모 · 앞치마를 착용한 경우 • 흰색의 위생복 상의 · 앞치마를 착용하였더라도 부직포, 비닐 등 화재에 취약한 재질의 복장을 착용한 경우 • 팔꿈치가 덮이지 않는 짧은 팔의 위생복을 착용한 경우 • 위생복 하의의 색상, 재질은 무관하나 짧은 바지, 통이 넓은 힙합스타일 바지, 타이츠, 치마 등 안전과 작업에 방해가 되는 복장을 착용한 경우 • 위생모가 뚫려있어 머리카락이 보이거나, 수건 등으로 감싸 바느질 마감처리가 되어있지 않고 풀어지기 쉬워 일반 조리장용으로 부적합한 경우 4. 이물질(예, 테이프) 부착 등 식품위생에 위배되는 조리기구를 사용한 경우	'위생상태 및 안전관리' 점수 전체 0점
5. 위생복(상/하의), 위생모, 앞치마, 마스크를 착용하였더라도 • 위생복 상의가 팔꿈치를 덮기는 하나 손목까지 오는 긴소매가 아닌 위생복(팔토시 착용은 긴소매로 불인정), 실험복 형태의 긴가운, 핀 등 금속을 별도 부착한 위생복을 착용하여 세부기준을 준수하지 않았을 경우 • 테두리선, 칼라, 위생모 짧은 창 등 일부 유색의 위생복 상의 · 위생모 · 앞치마를 착용한 경우(테이프 부착 불인정) • 위생복 하의가 발목까지 오지 않는 8부 바지 • 위생복(상/하의), 위생모, 앞치마, 마스크에 수험자의 소속 및 성명을 테이프 등으로 가리지 않았을 경우 6. 위생화(작업화), 장신구, 두발, 손/손톱, 폐식용유 처리, 안전사고 발생처리 등 '위생상태 및 안전관리 세부기준'을 준수하지 않았을 경우 7. '위생상태 및 안전관리 세부기준'이외에 위생과 안전을 저해하는 기타사항이 있을 경우	'위생상태 및 안전관리' 점수 일부 감점

※ 위 기준에 표시되어 있지 않으나 일반적인 개인위생, 식품위생, 주방위생, 안전관리를 준수하지 않을 경우 감점처리 될 수 있습니다.

※ 수도자의 경우 제복+위생복 상의/하의, 위생모, 앞치마, 마스크 착용 허용

8. 실기시험 채점기준표

1) 공통채점

항목	세부항목	배점
위생 및 안전관리	위생복착용개인위생, 정리정돈청소, 조리과정재료기구취급, 안전관리	5점

2) 조리기술 및 작품평가(작품 A, 작품 B : 각각)

항목	세부항목	배점
조리기술	조리순서 및 재료, 기구 등 취급상태	30점
작품평가	맛, 색, 그릇담기	15점
맛을 보는 경우	조리 시 맛을 보는 경우	0점, -2점

※ 채점은 실기시험감독 두 분이 각각 작품 A와 작품 B를 50점 만점으로 채점하여 합계 60점 이상이 되면 합격임

9. 등록안내

1) 합격자 발표

공고일로부터 60일 이내

2) 등록에 필요한 준비물

수검표, 증명사진 1매, 수수료, 주민등록증

3) 재교부

자격수첩 분실자 및 훼손자에 대하여 자격수첩을 재교부하는 것을 말하며 재교부 신청 시는 당초 발급받은 사무소에 신청하면 당일 교부되며, 타 지방사무소에 신청하면 등록사항 조회기간만큼 지연됩니다.

한국산업인력공단 : www.hrdkorea.or.kr / www.q-net.or.kr

1. 고객센터 : 1644-8000

   실기시험 수검사항 공고, 기타 검정일정, 직업교육훈련, 인력관리 안내 등

2. 합격자 자동응답 안내 : 060-700-2009

한국 음식의 개요

KOREAN FOOD cook practical technique

- 한국 음식의 특징
- 한국 음식의 종류
- 한국 음식의 상차림
- 한국 음식의 양념과 고명
- 한국 음식의 재료
- 식품의 계량

한국 음식의 특징

한 나라의 식생활 문화는 그 민족이 처한 자연 환경과 정치, 경제, 사회, 문화적 배경에 따라 다르게 형성되고 발전된다. 사계절의 구분이 뚜렷한 우리 나라는 지역적으로 기후의 차이가 있어 각 지방마다 다양한 특산물이 생산되며, 이들을 이용한 조리법 또한 다양하게 개발되었다. 또한 삼면이 바다로 둘러싸여 있어 해산물이 풍부하고 해산물을 이용한 조리 가공법이 매우 다양했으며, 장류, 젓갈류, 김치류, 주류 등의 발효식품이 발전되어 왔다. 우리 나라의 음식은 기후적 특성과 지리적 환경의 특성에 맞게 조화있게 발전해 왔으며, 특히 많은 정성과 노력을 중요시해 왔다.

1 영양상의 특징

농경생활의 식생활에서 부족되기 쉬운 영양의 불균형을 다양하게 생산되는 식재료를 기초로 해서 여러 가지 조리법으로 생산함으로써 재료의 특색에 알맞게 매우 과학적으로 조리되었다.

음식의 종류와 조리법이 다양하며, 영양적 측면에서 볼 때 매우 합리적으로 배합되었다.

2 조리상의 특징

① 주식과 부식의 구분이 확실하다.

② 잘게 다지거나 썰어서 조리를 많이 하므로 조리 시간과 노력이 많이 든다.

③ 음식의 맛을 중하게 여기므로 조미료와 향신료가 발달하였다.

④ 음식이 보약이라는 약식동원(藥食同原)의 의식을 갖고 있다.

⑤ 가공 저장한 발효식품의 발달이 두드러진다.

⑥ 곡물을 중히 여겨 곡물 조리법이 다양하게 발전하였다.

3 제도상의 특징

① 유교의례를 중히 여기는 상차림이 발달하였다.

② 일상식에서는 독상 중심이었다.

③ 명절식과 시식의 풍습이 있었다.

4 풍속상의 특징

① 의례를 중히 여겨 통과의례식을 행하였다.

② 공동체 의식의 풍속과 풍류성이 뛰어나 시절식이 발달하였다.

③ 풍류성과 주체성이 뛰어났다.

④ 조반과 석반을 중시 여긴다.

한국 음식의 종류

1 주식류

(1) 밥

밥은 우리 음식의 가장 대표적인 것이며, 우리 식사의 주식이다.

밥의 영양소 중 대부분을 차지하는 것은 탄수화물이며, 탄수화물은 우리 체내 에너지원의 큰 부분을 차지하고 있는 중요 영양소이다. 밥을 짓는 조건은 쌀의 종류, 분량, 침수도, 건조상태, 솥의 종류, 열원의 종류에 따라서 밥짓는 시간과 물의 분량이 달라진다. 쌀은 상온수에서 3~4시간 정도 담가두는 것이 적당하며, 밥물은 쌀의 중량의 1.5배, 쌀 부피의 1.2배가 적당하다.

밥의 종류는 흰밥, 보리밥, 팥밥, 콩밥, 강낭콩밥, 차조밥, 밤밥, 콩나물밥, 무밥, 굴밥, 비빔밥, 볶음밥, 야채밥, 잡곡밥, 생굴밥 등이 있으며, 다음과 같이 짓는다.

- 쌀이 물을 흡수하여 호화되고 뜸들어 가는 정도에 따라 함께 알맞게 익을 수 있도록 마른 콩은 불리고, 붉은 팥은 미리 삶고, 거피팥은 타고, 보리는 미리 삶거나 압착한다.
- 채소나 고기를 섞을 때는 미리 볶아서 수분을 증발시켜 쌀에 섞는다.
- 생굴밥을 할 때에는 생굴의 맛이 많이 배이게 하려면 처음부터 함께 섞어 넣고, 밥물을 줄이도록 하고 생굴이 통통하게 남도록 하려면 밥이 끓을 때 섞는 편이 좋다.

(2) 죽(粥), 미음, 응이

곡류를 주재료로 해서 만든 반 유동식의 일종으로 쌀을 불려 으깨거나, 통으로 사용하여 참기름에 볶으면서 부재료와 함께 끓여 준다. 죽, 미음, 응이는 물의 양에 따라 달리 불리워지며, 죽보다 미음이, 미음보다 응이가 더 묽다. 죽은 곡물에 5~8배 정도의 물을 넣고 끓여 완전히 호화시킨 것이며, 미음은 푹 고아서 체에 내리는 것이다. 응이는 녹두, 갈근, 연근 등의 녹말을 알맞은 정도의 물에 풀어서 멍울이 지지 않게 잘 저어가며 투명하게 끓인 음식이다. 죽, 미음, 응이상은 반상과는 달리 상차림이 간단하게 죽이나 미음, 응이는 합에 담아 따로 덜어 먹을 공기와 수저, 그리고 조미하는데 필요한 간장이나 소금, 꿀(설탕) 등이 놓인다. 그 밖에 국물이 있는 김치와 젓국조치와 마른 찬이 놓인다. 궁중에서는 초조반(조반전)으로 죽, 미음, 응이 등이 있었다.

(3) 국수

한국 음식의 국수는 평상시에 식탁에 오르기보다는 무병장수를 비는 뜻으로 생일잔치나 결혼잔치, 명절 때 등 손님 접대용 교자상에 밥 대신 차렸고, 면류를 주로 하는 면상에 쓰였다. 국수는 곡물이나 전분의 재료에 따라 밀국수, 메밀국수, 녹말국수, 칡국수, 쑥국수, 미역국수 등이 있다. 또한 따뜻한 국물에 말아먹는 온면, 찬 육수나 동치미 국물, 열무 물김치 등에 말아먹는 냉면, 국물은 쓰지 않고 비벼먹는 비빔국수 등이 있다. 북쪽 지방 사람들은 겨울에도 찬 냉면을 즐기고, 남쪽 지방 사람들은 여름에도 뜨거운 밀국수를 즐긴다. 이외에도 꿩육수, 소고기 육수, 콩국, 깻국 등을 만들어 국수와 함께 말아 먹는다.

(4) 만둣국, 떡국

만둣국이나 떡국은 겨울 음식으로 특히 설 음식으로 알려져 있다. 옛부터 북쪽에서는 만두국을, 남쪽에서는 만두국 대신 떡국을 만들었다. 만두는 껍질의 재료와 속에 넣는 소에 따라 아주 다양하게 만들 수 있다. 만두는 껍질의 종류에 따라 메밀을 재료로 한 메밀만두, 밀가루를 사용한 밀만두, 생선포로 만든 어만두 등이 있다. 만두 모양에 따라서는 껍질의 양귀를 맞붙여 둥글게 빚는 개성만두, 해삼 모양으로 빚는 규아상, 네모난 만두피에 소를 넣고 양쪽 귀를 서로 맞붙여 사각형으로 빚은 편수 등이 있으며, 조리법에 따라 모양을 달리하거나 또는 각 가정에 따라 모양이 독특할 수 있다.

떡국은 멥쌀을 이용하여 흰 가래떡을 만들어 적당한 두께로 어슷하게 썰은 후 육수에 넣어 끓여 먹는다. 정초에 주로 먹는 절식으로 개성 지방의 조랭이 떡국은 가늘게 만든 흰떡을 대나무칼로 누에고치 모양을 만들어 장국에 넣어 끓인다. 충청도에서는 멥쌀가루를 반죽하여 떡가래를 만들어 썰어서 즉석에서 바로 끓여 먹는 생떡국을 즐겨 먹기도 한다.

② 부식류

(1) 국(탕)

국은 한식에서 밥과 함께 내는 국물요리로서 여러 가지 수조육류, 어패류, 채소류 등으로 끓인 국물요리이다. 국의 종류를 크게 구분하면 맑은 장국, 토장국, 곰국, 냉국 등으로 나눌 수 있다.

국은 밥상을 차릴 때 기본적이며, 필수 음식이다. 국의 종류는 매우 다양하며, 조리법이 간단한 것이 특징이다. 국의 종류는 다음과 같다.

- 맑은 장국 : 물이나 양지머리 국물에 건더기를 넣어 맑은 집간장으로 간을 맞추어 끓인 국이다.
- 토장국 : 쌀뜨물에 된장이나 고추장으로 간을 맞추고 건더기를 넣어 끓인 국이다.
- 곰국 : 소고기를 푹 고아서 소금으로 간을 맞춘 국이다.
- 냉국 : 끓여서 식힌 국물에 집간장으로 간을 맞추어 날로 먹을 수 있는 건더기를 넣어 먹는 국이다.

(2) 찌개(조치)

국보다 국물을 적게 하여 끓인 국물 요리로서 간을 한 식품에 따라 고추장찌개, 된장찌개, 새우젓찌개 등이 있다. 또 재료에 따라 생선찌개, 두부찌개 등으로 나누어지며, 찌개는 반상차림의 필수 음식이다. 종류에 따라 술안주 요리로도 이용되며, 돌냄비, 뚝배기에 끓인 찌개가 별미이다. 조치란 찌개를 일컫는 궁중용어로 3첩 반상에는 올리지 않고, 5첩 반상에 1가지, 7첩 반상에 2가지를 놓는다.

(3) 전골

계절의 채소, 생굴, 조개류, 소고기 등을 색 맞추어 담고 육수에 간을 하면서 끓인 국물요리의 하나이다. 조선시대의 전골 냄비는 중앙이 오목하여 육수를 담게 되어 있고, 가장자리 부분은 편편하여 고기를 얇게 펴 구워 가면서 먹을 수 있게 되어 있다. 전골은 반상이나 주안상에 곁상으로 따라나가는 중요한 음식이며, 즉석에서 가열하여 익힐 수 있게 재료를 준비하였다.

전골은 주재료에 따라 요리명을 다양하게 붙일 수 있는데, 그 종류로는 소고기전골, 낙지전골, 버섯전골, 만두전골, 두부전골, 각색전골 등이 있다.

(4) 선

호박, 오이, 가지, 배추, 두부 같은 식물성 식품에 소고기 등의 부재료를 소로 채워 넣고 찜과 같이 만든 음식이다. 흰살생선을 이용하여 만든 어선도 있다.

(5) 찜

반상, 주안상, 교자상 등에 차려지는 요리로서, 주재료에 갖은 양념을 하여 물을 넣고 푹 익혀 재료의 맛이 충분히 우러나고 약간의 국물이 어울리도록 한 요리이다. 주로 동물성 식품이 주재료이며, 채소, 버섯, 달걀 등을 부재료로 한다. 김을 올려서 찌거나 또는 중탕으로 익히기도 하고 수증기와 관련 없이 그냥 국물이 조금 남을 정도로 삶아서 익히는 방법도 있다. 전통적인 찜 요리법은 중탕으로 하는 것이었으나, 직접 조리하는 경우가 많아졌다.

(6) 조림과 초

조림은 밥상에 오르는 일상의 찬이다. 조림 중에는 생선조림, 채소조림 등 조식 반찬 등으로 조리하는 것이 있고, 저장성이 큰 조림, 즉 장조림 등이 있다.

조림은 주로 간장으로 하지만 꽁치, 고등어 같은 붉은살 생선은 비린내를 없애기 위해서 고추장, 생강 등을 넣어 조린다. 초는 조림을 달게 만들어 녹말물을 입혀 국물을 엉기고 윤기나게 조리는 것으로 홍합초, 소라초, 전복초, 해삼초, 마른조갯살초, 대구초 등이 있다.

(7) 볶음

육류, 채소류, 건어류, 해조류 등을 손질하여 썰어서 기름에 볶은 요리이다. 센불에서 팬을 달궈 볶아야 물기가 안 생기고, 짧은 시간에 조리되므로 영양파괴도 적다. 기름에만 볶는 것, 기름에 볶다가 간장, 설탕, 물엿 등을 넣어 조미하는 것도 있다.

(8) 구이

가장 기본이 되는 조리법으로 육류, 어패류, 가지, 더덕과 같은 채소류에 소금간, 또는 양념을 하여 불에 구운 음식이다. 직접 불에 닿게 굽는 직접구이와 간접적으로 굽는 간접구이가 있다. 흔히 볼 수 있는 갈비구이, 불고기 등이 있으며, 널리 이용되고 있는 조리법이다.

(9) 전, 산적, 누름적

전은 기름을 두르고 지졌다는 뜻으로, 궁중에서는 저냐 또는 전유어라고 하지 않고 전유화라고 부드럽게 발음하였다.

전의 재료로는 생선, 고기, 채소 등 광범위하고 일반적으로 소금, 후추로 간을 하고 밀가루, 달걀을 입혀 지지는 것이 통례이다. 전을 잘 부치려면 그 재료의 크기가 알맞고 두께도 적당하며 전을 지지는 과정에는 불을 조절하여 표면을 노릇노릇하게 익히고 물기가 돌지 않아야 한다.

전은 반상, 면상, 교자상, 주안상 등에 모두 적합한 음식이며 초간장을 곁들인다.

적은 여러 가지 재료를 썰어서 각각 양념을 한 다음 꼬치에 끼워서 지진 음식을 말한다. 누름적은 채소, 고기 등을 썰어 익힌 후 꼬치에 색을 맞춰 끼워 밀 가루, 달걀을 씌워 팬에 전 부치듯이 지진 음식이며, 일명 누르미(누름적)라고도 한다. 산적은 생 재료를 양념하여 꼬치에 끼워 구워낸 음식이다.

(10) 편육, 족편, 순대

고기를 덩어리째로 삶은 것이 수육이고, 수육을 눌러 굳힌 다음 얇게 저며 썬 것이 편육이다. 고기를 담백한 맛으로 먹을 수 있는 찬요리이며, 양지머리편육, 사태편육, 제육편육 등이 있다.

족편은 소의 족, 가죽, 꼬리 등을 푹 고아서 불용성인 콜라겐을 수용성인 젤라틴화시켜 고명(석이, 달걀 지단, 실고추)를 넣어 응고시킨 후 얇게 썰어서 낸다. 순대는 가축의 창자 속에 선지, 찹쌀 또는 삶은 당면, 숙주, 두부 등을 섞어 갖은 양념을 한 것을 꽉 차게 집어넣고 실로 양끝을 잡아맨 후에 찐 것을 말한다. 고깃국 또는 된장과 고추장을 풀어 끓여 익히기도 한다.

(11) 나물, 생채, 쌈

나물은 숙채와 생채의 총칭이나, 나물은 보통 숙채를 이르는 말이다. 나물은 생채보다 훨씬 광범위하여 재료도 거의 모든 채소를 쓰고 있다. 나물은 채소를 데쳐서 양념해 무친 것 또는 채소를 기름에 볶으면서 양념한 것 등이 있다.

생채는 채소를 날것으로 또는 소금에 절여 양념에 무친 것 등이 있으며 고춧가루, 간장, 겨자즙, 초간장, 잣즙 등 여러 가지 양념으로 무친다. 쌈에는 상추, 배추속대, 취, 호박잎, 깻잎, 생미역 등으로 밥과 반찬을 함께 싸서 먹는 것을 쌈이라고 한다.

쌈은 채소를 먹으면서 고기, 생선, 된장, 고추장, 참기름 등을 고루 먹을 수 있어 영양섭취에 매우 용이한 요리의 하나이다.

(12) 회, 숙회, 강회, 수란

회는 생선이나 조개류의 살, 소고기의 살, 간, 처녑 등을 날것으로 또는 살짝 데쳐서 숙회로 만들어 먹게 만든 요리로, 대체로 가늘게 썰어 초고추장, 겨자장 또는 소금, 후추에 찍어 먹는다. 강회는 가는 실파와 연한 미

나리에다 달걀 지단, 편육, 붉은고추, 버섯 등을 가늘게 썰어 예쁘게 말아 초고추장에 찍어먹는 음식이다. 수란은 국자에 참기름을 고르게 바른 후, 깨어 놓은 달걀을 담고 끓는 물 속에 넣어 중탕을 해서 반숙으로 익힌 달걀 요리이다.

(13) 마른반찬(포, 부각, 자반, 튀각, 장아찌)

포는 소고기나 생선, 어패류의 연한 살을 얇게 저미거나 다져서 혹은 통째로 말리는 것을 말하는데, 간장이나 소금으로 간을 하여 말려두고 마른 찬이나 술안주로 쓴다. 포는 너무 춥거나 더울 때는 말릴 수 없으므로 바람이 좋고, 햇볕이 잘 나는 봄, 가을이 좋다. 포의 종류로는 육포(소고기를 결대로 저며 양념하여 말린 것), 대추포(곱게 다진 살코기에 갖은 양념을 하고 대추 모양으로 빚어 실백을 박은 것), 편포(소고기의 우둔살을 곱게 다져서 간장으로 조미하여 크게 덩어리로 하여 말린 것을 말한다. 폐백에 쓸 때는 크게 말리는 동안에 상하기 쉬우므로 요즘은 크게 빚은 것을 오븐이나 번철에 굽는 경우가 많다), 편포쌈(편포에 실백을 싸서 말린 것), 민어포(민어살을 얇게 떠서 만든 것), 기타(생선을 통째로 배를 갈라 말린 대구포, 상어포, 오징어포 등) 바짝 말린 포는 한지로 만든 종이 봉투에 넣어서 서늘한 곳에 보관한다.

튀각은 호두나 다시마 등을 그대로 기름에 튀긴 것을 말하며 부각은 재료에 풀칠을 하여 바짝 말려 두었다가 먹을 때 기름에 튀겨 안주나 마른 찬으로 이용한다.

부각의 재료는 감자, 고추, 깻잎, 김, 가지 등이 많이 이용되며, 절에서 만드는 동백잎, 국화잎 등 특별한 것도 있다. 자반은 물고기를 소금에 절이거나, 나물 또는 해산물을 간장이나 찹쌀풀을 발라 말려 튀겨 짭짤하게 만든 반찬이다. 장아찌는 채소가 많은 제철에 간장, 고추장, 된장 등에 넣어 저장하여 그 재료가 귀한 철에 쓰는 찬품으로 장과라고 한다.

(14) 젓갈, 식해

젓갈은 반상에 오르는 밑반찬 중의 하나이다. 젓갈 담그는 법은 소금에 절여 오래 저장하였다가 먹을 때 양념을 하는 것과 같은 양념을 소금과 함께 단시일 내에 익혀서 먹을 수 있는 것이 있다. 생선과 조개류를 소금에 절여서 오래 두면 단백질이 분해되어 독특한 맛과 풍미를 가지게 된다. 젓갈은 소화도 잘되고, 식욕을 돋우어 준다. 뼈 채로 담그면 숙성 과정에 뼈가 연해지므로 뼈째 먹을 수 있어 칼슘의 급원 식품이기도 한다. 젓갈류 중 엿기름 가루나 밥을 섞어 생선을 삭히는 식해라는 것이 있는데, 함경도의 가자미 식해는 메조로 밥을 지어 식혀서 소금과 고춧가루 양념에 섞어 삭힌 것으로 유명하다.

(15) 김치

한국음식을 대표할 만큼 널리 알려진 김치는 찬품 중에 가장 기본이 된다고 말할 수 있다. 무, 배추 등을 소금에 절여 고추, 파, 마늘, 생강 등을 젓갈과 함께 넣고 버무려 익힌 염장 발효식품으로 비타민 C, 칼슘, 유기산을 공급해 주는 필수적인 저장 식품이다.

❸ 떡과 한과

(1) 떡

한국의 대표적인 곡물요리로 떡류를 크게 나누면 시루에 찌는 떡, 찐 다음에 안반이나 절구에 치는 떡, 가루를 반죽하여 모양을 만들어 빚는 떡, 번철에 지지는 떡 등이 있다. 떡은 각종 의례 음식이나 절식 등에서 필수적인 음식으로 자리를 잡아 우리의 고유한 음식 풍속을 잘 나타내며 각 지방마다 특성에 맞게 곡물, 고물의 종류나 재료, 기본 조리법, 지역적인 특성 등으로 다양하게 발달되어 왔다.

(2) 한과와 엿

한과는 쌀이나 밀 등의 곡물가루에 꿀, 엿, 설탕 등을 넣고, 반죽하여 기름에 튀기거나 과일, 열매, 식물의 뿌리 등을 꿀로 조리거나 버무려서 굳혀 만든 과자이다. 다른 말로 천연물에 맛을 더하여 만들었다는 뜻에서 조과(造果)라고도 한다.

한과는 한국의 전통 과종류의 총칭으로 한과류는 재료나 만드는 법에서 강정, 유밀과(油蜜果), 숙실과(熟實果), 과편(果片), 다식(茶食), 정과(正果), 엿강정 등으로 크게 구분된다.

엿은 쌀, 찹쌀, 수수, 고구마 등을 익혀서 엿기름으로 삭힌 즙액을 농축시켜 만든다. 즉 녹말을 엿기름으로 당화시켜 농축하는데 재료에 따라 찹쌀엿, 수수엿, 호박엿 등 여러 가지가 있다.

❹ 음청류

술 외에 기호성 음료의 총칭으로 한국의 음청류는 재료와 만드는 법에 따라 차, 식혜, 오미자화채, 배숙, 수정과, 수단, 원소병, 미수, 과실화채, 제호탕 등으로 크게 구분된다. 음청류(飮淸類)는 더운 차(茶)보다는 대개 찬 음료를 가리킨다.

(1) 차

차에는 잎, 열매, 과육, 곡류 등을 이용한 것이 있다. 차잎의 제조 방법에 따라 구분되는 녹차(옥로, 작설, 말차), 반발효차(오룡차), 완전발효차(홍차)가 있다. 그 외에도 약용으로 이용되는 인삼, 당귀, 오미자, 생강, 칡, 계피 등의 한약재와 모과, 유자, 대추 등의 과실류와 율무, 옥수수, 보리 등의 곡류를 다려서 마시기도 한다.

(2) 식혜, 오미자 화채, 배숙, 수정과, 수단, 원소병, 미수, 과실화채, 제호탕

겨울철에 많이 만드는 식혜는 우리나라 사람들이 가장 즐기는 차가운 음료로 쌀밥을 엿기름 물에 당화시켜서 단맛을 낸 것이며 오미자 화채는 말린 오미자 열매를 담가 우려낸 것을 겹체에 밭쳐서 꿀과 시럽으로 맛을 내고 건지로 진달래꽃과 햇보리, 보통 때는 배를 띄워 내놓는 화채이다.

배숙은 배를 조각내어 통후추를 박아서 생강물에 넣고 익혀 차게 식힌 것이며 수정과는 생강과 계피를 달인 물을 내고 곶감을 넣어 무르면 먹는다. 찬물에 꿀을 타서 단맛을 내고 봄철에는 햇보리를 삶아 띄운 것을 보리수단이라 하고, 겨울에는 흰떡을 잘게 빚어 띄우는 떡수단이 있으며, 소를 넣어 빚은 작은 경단을 삶아서 꿀물에 띄우는 원소병이 있다.

미수는 곡류를 쪄서 볶은 후 빻아 가루로 만들어 여름철에 꿀물을 타서 마신다. 과일이 흔한 철에 딸기, 앵두, 수박, 유자, 복숭아 같은 것을 즙을 내고 그 위에 과일 조각을 띄워 과일화채를 만든다. 궁중에서는 여러 가지 한약재를 고운 가루로 만들어 꿀에 섞어 제호탕을 만든다. 단오절에 내의원에서 만들어 임금께 진상하면 임금은 이를 기로소(耆老所)에 하사하였다. 이것을 냉수에 타서 마시면 가슴 속이 시원하고 그 향기가 오래 간다고 전한다.

5 술류

과일이나 곡물 익힌 것 등을 발효시켜 알코올 성분이 있게 만든 음료의 총칭이다. 우리나라의 전통술은 곡주가 기본이며 재료와 만드는 법이 지방마다 다양하다.

한국 음식의 상차림

우리나라의 식사법은 준비된 음식을 한꺼번에 모두 차려놓고 먹는 평면 전개형으로 주식의 종류와 차려놓는 찬품의 가짓수에 따라 반상을 비롯하여 죽상, 면상, 주안상, 다과상 등으로 나눌 수 있다.

상차림의 목적에 따라 교자상, 돌상, 큰상, 제상 등으로 분류한다.

❶ 반상차림

반상에는 3첩, 5첩, 7첩, 9첩, 12첩이 있는데 "첩"이란 밥, 국, 김치, 찌개(조치), 찜류, 종지(간장, 고추장, 초고추장 등)을 제외한 반찬의 수를 말한다. 반찬의 종류를 정할 때는 재료가 중복되지 않도록 했고, 빛깔과 모양도 고려해서 정했다.

첩수에 따른 반찬 구성

구분	첩수에 들어가지 않는 음식(기본음식)							첩수에 들어가는 음식(쟁첩에 담는 음식)										
	밥	국	김치	장류	찌개(조치)	찜(선)	전골	생채	숙채	구이	조림	전	마른찬	장과	젓갈	회	편육	수란
3첩	1	1	1	1				택1		택1			택1					
5첩	1	1	2	2	1			택1		1	1	1	택1					
7첩	1	1	2	3	2	택1		1	1	1	1	1	택1			택1		
9첩	1	1	3	3	2	1	1	1	1	1	1	1	1	1	1	택1		
12첩	1	2	3	3	2	1	1	1	1	2	1	1	1	1	1	1	1	1

❷ 죽상차림

죽상은 응이, 미음, 죽 등의 유동식을 주식으로 하며 위에 부담이 되지 않는 음식으로 맛이 담백하고 소화가 잘되는 재료를 쓴다. 죽상에 올리는 김치류는 국물이 있는 나박김치나 동치미로 하고, 찌개는 젓국이나 소금으로 간을 한 맑은 조치로 한다. 그 외의 찬으로는 북어보푸라기, 매듭자반 등의 마른찬을 함께 차린다.

❸ 장국상 차림(면상, 만두상, 떡국상)

국수를 주식으로 하여 차리는 상을 면상이라 하며, 점심 또는 간단한 식사 때에 많이 이용한다. 주식으로는 온면, 냉면, 떡국, 만두국 등이 오르며, 부식으로는 찜, 겨자채, 잡채, 편육, 전, 배추김치, 나박김치, 생채, 전 등이 오른다. 주식이 면류이기 때문에 각종 떡류나 한과, 생과일 등을 곁들이기도 한다. 이때는 식혜, 수정과, 화채 중의 한 가지를 놓는다. 술 손님인 경우에는 주안상을 먼저 낸 후 면상을 내도록 한다. 그리고 생일, 회갑, 혼례 등의 경사 때에는 큰상(고임상)을 차리고, 경사의 당사자 앞에는 면과 간단한 찬을 놓는 임매상(면상)을 차린다.

④ 주안상 차림

주류를 대접하기 위해서 차리는 상이다. 안주는 술의 종류, 손님의 기호를 감안해서 장만해야 하는데, 보통 약주를 내는 주안상에는 육포, 어포, 건어, 어란 등의 마른안주와 전이나 편육, 찜, 신선로, 전골, 찌개와 같은 얼큰한 안주 한두 가지, 그리고 생채류와 김치, 과일 등이 오르며 떡과 한과류가 오르기도 한다. 또 주안상에는 전과 편육류, 생채류, 김치류, 그 외에 몇 가지 마른 안주가 오른다. 기호에 따라 얼큰한 고추장 찌개나 매운탕, 전골, 신선로 등과 같이 더운 국물이 있는 음식을 추가하면 좋다.

⑤ 교자상

명절이나 잔치 또는 회식 때 많은 사람이 함께 모여 식사를 할 경우 차리는 상이다. 대개 고급재료를 사용해서 여러 가지 음식을 많이 만들어 대접하려고 할 때 종류를 지나치게 많이 하는 것보다는 몇 가지 중심이 되는 요리를 특별히 잘 만들고, 이와 조화가 되도록 색채나 재료, 조리법, 영양 등을 고려하여 다른 요리를 몇 가지 곁들이는 것이 좋은 상법이다. 조선시대의 교자상 차림은 건교자, 식교자, 얼교자 등으로 나뉘어 있다. 주식은 냉면이나 온면, 떡국, 만두 중 계절에 맞는 것을 내고, 탕, 찜, 전유어, 편육, 적, 회, 채(겨자채, 잡채, 구절판) 그리고 신선로 등을 내놓는다. 김치는 배추김치나 오이소박이, 나박김치, 장김치 중에서 두 가지쯤 마련한다.

⑥ 다과상

주안상이나 교자상에서 나중에 내는 후식상으로 또는 식사 대접이 아닐 때에 손님에게 차린다. 각색편, 유과, 다식, 숙실과, 생실과, 화채, 차 등을 고루 차린다.

⑦ 제상

조상의 은덕을 추모하여 차리는 상으로 그 형식은 소상, 대상, 기제사, 절사 묘제 등 제사의 종류에 따라서 달라진다. 일반적으로 제사는 고인이 돌아가신 전날 저녁 늦게 지낸다. 제주가 제상을 바라보아 오른쪽을 동, 왼쪽을 서라 하는데 차림의 순서는 맨 앞줄에 과일, 둘째 줄에 포와 나물, 셋째 줄에 전과 적, 넷째 줄에 탕, 다섯째 줄에 진지와 탕을 차례로 놓는다.

한국 음식의 양념과 고명

양념은 재료의 맛과 향을 돋구거나 좋지못한 맛을 없애기 위하여 사용되는 것을 말하며 한국 음식에 쓰이는 양념은 간장, 된장, 고추장, 고춧가루, 참기름, 들기름, 깨소금, 꿀, 설탕, 식초, 후춧가루, 겨자, 파, 마늘, 생강, 산초, 계피가루 등이 있다. 이러한 양념 외에도 음식의 겉모양을 좋게하기 위하여 음식 위에 얹거나 뿌리는 것을 고명이라고 한다.

① 양념

양념은 음식의 맛을 결정하고 잡맛을 없애기 위해 사용되는 것으로 적합한 종류를 선정하여 분량을 알맞게 조절하여야 좋은 음식을 만들 수 있으므로 조절 문제에 대한 과학적인 태도가 필요하다.

(1) 소금

소금은 음식의 맛을 내는 가장 기본이 되는 조미료이다.
소금의 작용에는 다음과 같이 여러가지가 있다.

- 음식의 간을 맞춘다.
- 방부 작용을 한다.
- 생선살을 단단하게 한다.
- 녹황색 채소의 색을 선명하게 한다.
- 재료가 부드러워지게 한다.

(2) 간장

간장은 음식의 간을 맞추는 기본적인 조미료로 장맛이 좋아야 음식의 맛이 좋다. 간장은 메주를 소금물에 담그면 숙성되는 동안에 메주에서 아미노산, 당분, 지방산 등이 우러나고 이런 성분 등에서 방향물질이 생기며 한편 아미노카보닐 반응으로 검은 색이 생겨 점점 검게 짙어지면서 맛과 색깔의 조화가 이루어지는 것인데 메주와 소금물의 비율, 소금물의 농도, 숙성 중의 관리여부가 장맛을 좌우하는 기본적인 조건이다.

(3) 된장

콩으로 메주를 쑤어서 알맞게 띄운 다음 소금물에 담가 숙성시킨 후 간장을 떠내고 남는 것이 된장이다. 여러 가지 국이나 찌개, 쌈장 등에 이용되며 단백질의 좋은 공급원이 된다.

(4) 고추장

찹쌀가루를 익반죽하여 반대기를 만들어 가운데에 구멍을 뚫어 끓는 물에 삶아 건져 양푼에 넣고 꽈리가 일도록 많이 저어 식힌다. 다음에는 메줏가루와 고춧가루를 넣어 잘 섞고 다음날 소금으로 간은 맞추어 항아리에 담아 익혀 먹는다. 고추장은 그 자체가 반찬이 되기도 하고 여러 음식에 조미료로 이용된다. 고추장은 우리 나라만의 고유 조미료이기도 하다.

(5) 설탕

설탕은 자당이 주성분인 천연 감미료이다. 설탕에는 단맛 외에도 탈수성과 보수성이 있는데 탈수성을 이용하여 설탕절임이나 설탕과자를 만들 수 있고 보수성을 이용하여 달걀지짐 같은 것에 설탕을 넣어 부드럽게 할 수 있다.

(6) 식초

식초에는 양조초와 합성초가 있다. 주로 과실로 만든 식초가 널리 쓰이는데 식초를 사용할 때는 다른 조미료를 먼저 넣고 다 스며든 다음 식초를 사용해야 한다. 식욕을 돋우어 줄 뿐 아니라 살균, 방부의 효과가 있으며 생선요리에 쓰면 단백질 응고작용으로 생선의 살이 단단해진다.

(7) 참기름, 들기름, 식용유

참깨를 볶아 짠 참기름은 독특한 향기가 있어 우리 음식에 없어서는 안 되는 주요 기름으로 나물을 무치는 데 주로 사용된다. 들깨에서 얻은 들기름은 나물 볶을 때에 많이 사용하고 식용유는 부침요리를 할 때 많이 사용한다.

(8) 고춧가루

고추는 색이 곱고 껍질이 두터우며 윤기가 있는 것으로 고른다. 가루를 만들 때에는 고추를 행주로 깨끗이 닦아 꼭지를 따고 씨를 뺀 다음 깨끗한 보자기를 펴서 말리며 용도에 따라 굵직하게 빻거나 곱게 빻는다. 고추장이나 조미용은 곱게 빻고, 김치와 깍두기용은 중간 입자로, 여름 물김치용으로는 굵게 빻아서 사용한다.

(9) 파, 마늘, 생강

파는 유기황화합물이 함유되어 있어서 고기나 생선의 비린내를 제거한다. 다져서 양념으로 사용할 경우는 흰 부분을 사용하고 파란 부분은 채 또는 크게 썰어 향신료로 사용한다.

마늘은 살균, 구충, 강장 작용이 있으며, 소화와 비타민 B_1의 흡수를 도와 혈액순환을 촉진한다.

육류 요리에 꼭 필요한 양념이다.

생강은 향신료로서 각종 요리에 많이 사용되며 생선의 비린내나 돼지고기, 닭고기의 누린내를 제거하며 식욕증진과 몸을 따뜻하게 하는 작용, 연육작용, 항산화작용도 한다. 생강은 껍질에 주름이 없고 싱싱한 것이 좋다.

(10) 후춧가루

검은 후추는 통으로 사용되는 경우도 있으나 보통 갈아서 가루로 만든 것이 육류요리나 생선요리에 사용된다. 그러나 껍질을 벗겨서 가루로 만든 흰 후추는 매운맛은 약하지만 생선요리나 닭요리 등 깨끗한 음식에 사용된다.

(11) 겨자

갓 씨앗을 갈아 겨잣가루로 만든 것을 사용하는데 겨잣가루에 따뜻한 물을 넣고 겨자가 풀릴 때까지 한쪽 방향으로 잘 저어준다. 겨잣가루를 물과 혼합할 때 생기는 효소인 미로시나제(Myrosinase)는 온도가 40℃일 때 발효가 잘되므로 따뜻한 물에 개어야 하며 뽀얗게 개어진 겨자를 그릇에 담고 랩을 씌워 따뜻한 곳에 20여 분 두어 숙성시키면 자극적인 매운 맛이 생긴다.

때로는 쓴맛이 나는 경우가 있는데 이것은 발효가 되지 않았기 때문이다. 사용할 때는 식초, 설탕, 소금, 간장, 육수를 섞어서 겨자채나 냉채류에 사용한다.

(12) 깨소금

깨소금은 잘 여문 흰깨를 택하여 깨끗하게 씻어서 돌이 없도록 분마기에 갈아서 완전히 식으면 밀봉된 용기에 넣어 사용한다.

(13) 계핏가루

계수나무의 얇은 껍질을 말린 것으로 중추 신경의 흥분을 억제시키고 수분대사를 조절하여 감기에도 좋다. 일반적인 요리에는 많이 사용하지 않으나 떡, 약식, 유과류, 강정류, 수정과 등에 많이 이용한다.

② 고명

음식의 모양과 빛깔을 보기 좋게 하고, 식욕을 돋우기 위해 음식 위에 뿌리거나 얹어내는 것을 말한다.

잣	은행	실고추
미나리 초대	알쌈 (황)	알쌈 (백)
마름 모형	지단채	석이 버섯채

(1) 달걀지단/줄알

달걀을 흰자와 노른자로 나누어 각각 얇게 부쳐 사용한다. 지단을 부칠 때는 두 가지 중요한 것이 있는데, 이것은 기름의 양과 불의 온도이다. 깨끗한 번철에 기름을 바르고 충분히 코팅을 시킨 후에 기름을 닦아내고, 달걀물을 나무 젓가락에 조금 찍어 익는 온도를 확인한 후 적당량을 붓고 얇게 펴 약한 불에서 부친다. 달걀지단은 채로 썰어 사용하거나 마름모꼴로 썰어 사용하는데, 불에서 완전히 익혀야 하며, 써는 것은 식은 후에 썰어야 부서지지 않는다.

줄알은 달걀을 완전히 풀어서 약간의 소금과 후춧가루를 뿌려 펄펄 끓는 고기 국물에 넣었다가 재빨리 건져 놓은 것으로 국수의 꾸미로 사용하기도 한다.

(2) 고기완자

소고기의 살코기 부분을 곱게 다져 갖은 양념을 한 다음 은행알만 하게 만들어 밀가루를 묻히고, 달걀물을 씌워 기름을 두른 번철에서 둥글려 가면서 익힌다. 면, 전골, 신선로의 웃기로 쓰이며, 완자탕의 건더기로도 쓰이는데 이때는 완자를 조금 크게 빚는다.

(3) 미나리 초대

미나리를 깨끗이 씻어 줄기 부분만을 가지런히 놓고, 3~5줄기 정도로 윗부분과 아랫부분에 꼬치로 꿰어 밀가루, 달걀물 순서로 묻혀 번철에서 지져낸다.

미나리의 색이 고운 녹색으로 익도록 지져낸다. 마름모꼴(2×2cm)이나 골패형(1×4cm)으로 썰어 탕, 전골, 신선로 등에 넣는다.

(4) 알쌈

소고기를 곱게 다져 양념하여 콩알만큼씩 떼어 둥글게 빚은 후 번철에 기름을 두르고 지져 소를 만들어 놓는다. 달걀을 풀어 한 수저씩 떠놓은 다음 수저로 타원형으로 모양을 만들고 소를 한쪽에 놓고 반으로 접어 만든다. 신선로, 각색 찜에 고명으로 쓰인다.

(5) 잣(실백)

잣은 통잣, 잣가루, 비늘잣, 세 가지로 사용할 수 있다. 잣은 고깔을 떼고 마른 행주로 닦아 통잣 그대로 쓰기도 하고 비늘잣이나 잣가루를 만들어 쓰기도 한다. 통잣은 화채, 수정과, 식혜 등에 띄워 내기도 하는데 여러 음식의 고명으로 고루 쓸 수 있다. 잣가루(잣소금)는 손질한 잣을 도마 위에 한지 또는 종이 행주를 깔고 칼을 이용하여 다져주면 된다. 종이에 기름이 배면 다른 종이로 갈아가며 보송보송하게 곱게 다진다. 잣가루는 육회, 구절판, 육포, 전복초, 홍합초 등에 뿌리거나 초간장에 넣기도 한다. 비늘잣은 2쪽으로 쪼개어 어만두, 규아상, 어선, 겨자채 등에 쓴다.

(6) 은행

은행은 알이 부서지지 않도록 겉껍질을 벗겨서 번철에 기름을 두르고, 볶으면서 소금을 조금 넣은 후 굴려 가며 고르게 익혀 낸다.

은행알이 새파랗게 되면서 속껍질이 벗겨지기 시작하면 꺼내어 종이 행주로 옮겨 살살 비벼 속껍질을 벗긴다. 찜이나 신선로, 전골 등의 고명으로 쓰기도 하고 꼬치에 꿰어 마른 안주로도 쓴다.

(7) 호두

호두는 알맹이가 반으로 쪼개지도록 겉껍질을 자근자근 깨어서 알맹이를 꺼낸다. 따뜻한 물에 식초를 조금 넣어 불려서 꼬챙이 같이 뾰족한 것으로 속껍질을 벗긴다. 신선로나 찜 등에 사용한다.

(8) 통깨

참깨는 알이 굵은 것으로 골라 물에 담가 불린 다음 많을 때에는 물기 있는 채로 절구에 넣어 살살 문질러서 물에 담가 껍질을 벗기고 적을 때에는 손으로 문질러서 하얗게 껍질을 벗긴 다음에 일어 건져서 물기를 빼고 볶아서 사용한다. 한국음식에 가장 많이 사용되는 고명이다.

(9) 풋고추, 붉은고추

색깔과 매운 맛을 내기 위해서 요리에 많이 사용한다. 풋고추, 붉은고추는 씨를 빼고 곱게 채썰거나, 골패형 등으로 썰어서 사용된다. 주로 찜요리에 많이 사용된다.

(10) 실고추

마른 고추의 씨를 빼내고 젖은 행주를 이용하여 깨끗이 닦은 후 말아서 가늘게 채 썬 것인데 기계로 썰어 놓은 것을 쓰는 편이 간단하며 김치나 나물 등에 사용한다.

(11) 표고버섯

마른 표고는 먼지를 깨끗이 씻어서 물을 버리고, 다시 더운물에 담가서 불린다. 이때 너무 오래 불리면 향기와 맛이 떨어진다. 불려진 표고는 물기를 꼭 짜서 기둥을 떼어내고 골패형, 은행잎 또는 채로 썰어 쓴다. 마른 표고버섯에는 비타민 D가 많이 들어 있다.

(12) 석이버섯

깊은 산의 바위에 붙어서 자라는 버섯으로 검은 색을 띠고 있다. 따뜻한 물에 불려 이끼를 깨끗하게 벗기고, 씻어서 돌을 따내고 물기를 제거한 후 돌돌 말아 곱게 채썰어 사용한다. 호박선, 국수장국, 비빔국수, 알찜, 수란, 칠절판, 신선로 등에 사용한다. 신선로에 사용할 때는 곱게 다져 흰자에 섞어서 지단을 부쳐 사용한다.

(13) 목이버섯

목이버섯은 일반적으로 뜨거운 물에 불려 사용하지만, 찬물에 불려야 조직이 꼬들꼬들하며 볶았을 때 씹히는 맛이 좋다. 나무에 붙었던 부분을 떼어내고 찢거나 채썰어 사용한다.

한국 음식의 재료

① 곡류

쌀에는 멥쌀과 찹쌀이 있으며, 쌀을 도정하는 정도에 따라 현미와 7분도미, 9분도미 등으로 구분한다. 도정을 많이 할수록 쌀이 희고 밥이 부드러우나, 한편 도정을 많이 할수록 쌀알의 외피에 있는 무기질과 비타민 등이 깎여 나가기 때문에 영양면에서 손실이 많다.

보리는 낱알의 구조에 의해 겉보리와 쌀보리로 나뉜다. 보리는 낱알에 홈이 있어 쌀과 같이 깨끗이 도정이 되지 않아 섬유소가 덜 벗겨지므로, 쌀보다 비타민이나 회분이 많다. 섬유소가 덜 벗겨지면 소화가 잘 되지 않을 수 있으므로, 도정한 보리를 압맥 또는 할맥 등으로 가공하여 이용하기도 한다. 밀은 껍질이 질기고 속이 잘 부서지기 때문에 밀가루로 가공하여 사용하는 것이 보통이다.

② 감자류

감자와 고구마는 열량을 많이 내므로 열량식품으로 애용된다. 감자의 경우 요리에 사용할 때 푸른 껍질과 눈에는 솔라닌이라는 유독성분이 들어있으므로 싹이 틀 무렵인 겨울과 봄철에는 껍질을 잘 벗겨 먹도록 한다.

③ 콩류

콩류는 식물성 단백질의 좋은 급원이며, 대두(콩)나, 소두(적두, 팥)에는 사포닌(Saponin)이나 안티트립신(Antitrypsin) 같은 유독물질이 들어 있으므로 반드시 가열하여야 한다. 팥, 녹두, 완두 등은 곡류와 같이 섭취할 경우, 곡류에 부족한 아미노산을 보완하게 되어 단백질 섭취의 효과가 크다. 더욱이 두부는 콩 가공 식품으로써, 값싸고 쉽게 이용할 수 있어 반찬의 좋은 재료가 된다.

④ 채소류

채소는 국, 찌개, 김치, 생채, 나물, 장아찌 등의 재료로 흔히 사용되는 식품으로서, 그 색에 따라 녹황색 채소와 담색 채소로 나뉜다. 녹황색 채소로는 시금치, 깻잎, 아욱, 근대, 상추, 쑥갓, 당근, 토마토 등이 있고, 담색 채소로는 배추, 무우, 콩나물, 숙주나물, 파, 마늘 등이 있다. 채소를 조리하면 섬유소가 연화되고 부분적으로 소화되어 맛도 향상되고 소화도 용이해진다.

채소를 삶을 때 중조를 넣으면 푸른색은 유지되나 조직이 물러지고 비타민 B_1(Thiamin)이 파괴되므로, 1~2%의 식염을 가하는 것이 좋다. 조리하는 물의 양에 따라 영양소 손실에 큰 차이가 있으며 물의 양을 많이 할수록 수용성 영양성분의 유출이 많다. 채소를 삶을 때 뚜껑을 덮고 삶으면 조리시간이 단축되고 영양소의 손실도 적으나, 휘발성 유기산의 용출로 인하여 수용액을 산성으로 만들므로 녹색 채소를 갈변시킨다. 그러므로 녹색 채소를 삶을 때는 반드시 뚜껑을 열고 삶아야 한다.

5 버섯류

버섯에는 송이버섯, 표고버섯, 느타리버섯, 싸리버섯, 목이버섯, 석이버섯, 능이버섯 등이 있다. 이 중에서 표고버섯, 목이버섯, 느타리버섯은 인공재배를 하고 있다. 일광에서 건조하면 버섯 중의 에르고스테린이 햇볕에 의해 비타민 D로 변하고, 광택이나 향미가 좋다.

6 육류

육류에는 소고기, 돼지고기, 닭고기, 꿩고기 등이 있는데, 이들은 몸체의 부위에 따라 그 명칭과 용도가 나누어진다.

(1) 소고기

소고기의 품질은 소고기의 연령이나 사육하는 방법에 따라 많은 차이가 있다. 송아지고기는 부드러우나 맛이 적고 운동을 많이 한 부위는 추출물은 많으나 질기므로 습열조리에 이용되고, 운동을 덜한 부위는 건열 요리에 이용된다. 소고기는 대리석 무늬의 지방이 잘 분포되어 있는 것이 부드럽고 연하다. 부위에 따라 용도와 조리법이 다르므로 선별하는 법을 익히도록 한다.

(2) 돼지고기

돼지고기의 안심은 부드럽고 지방질이 거의 없어 나이 많은 사람에게 좋고, 등심은 살코기 속에 지방이 많고 연한 것이 특징이다. 삼겹살은 살코기층과 지방층이 교대로 층을 이루고, 섬유질이 있어 거칠기는 하나 깊은 맛이 있다.

[소고기의 부위와 용도]

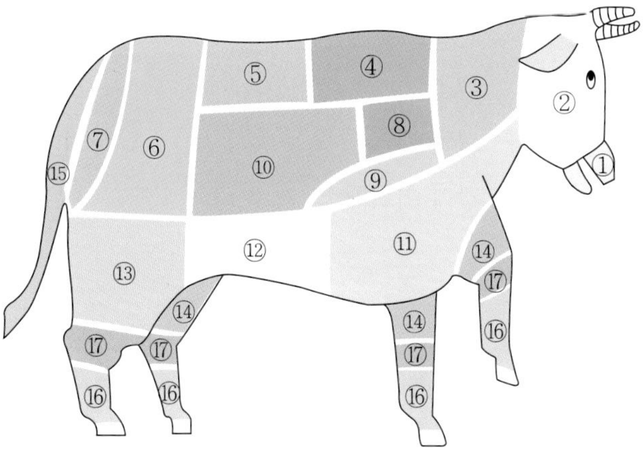

① 혀 : 편육, 찜 ② 머리 : 편육 ③ 장정육 : 장국, 구이, 편육 ④ 등심[上肉 : 척추좌우에 있는 고기] : 구이, 전골 ⑤ 채끝살[中肉] : 구이, 찌개, 전골 ⑥ 우둔육[中肉] : 포, 산적, 회 ⑦ 홍두깨살[下肉] : 장조림, 국 ⑧ 갈비 : 구이, 찜, 국 ⑨ 쐬악지[中肉] : 조림, 장국 ⑩ 안심[上肉 : 가슴 속에 있는 살] : 구이, 전골 ⑪ 양지육[中肉] : 편육, 장국, 찌개 ⑫ 업진육[中肉] : 편육, 장국, 육개장, 설렁탕 ⑬ 대접살[中肉] : 포, 산적, 회 ⑭ 사태[下肉 : 앞다리살] : 장조림, 찜, 족편 ⑮ 꼬리[下肉] : 탕, 조림, 곰국, 찜 ⑯ 족[下肉] : 족편, 탕 ⑰ 도가니[下肉] : 탕

[돼지고기의 부위와 용도]

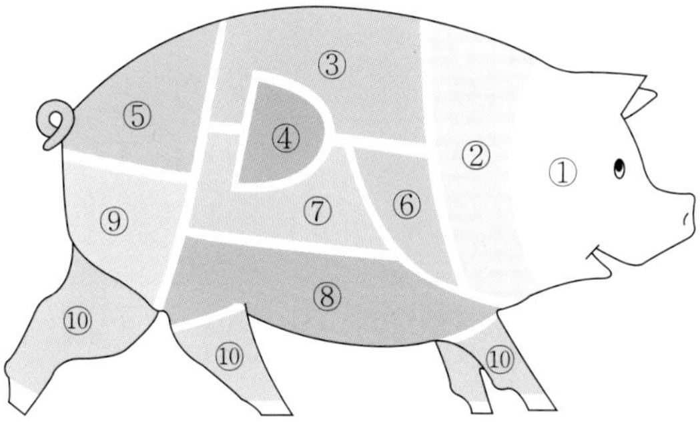

① 머리 : 편육 ② 어깨살 : 조림, 다진 고기 ③ 등심 : 구이, 튀김 ④ 안심 : 구이 ⑤ 후육(볼기살) : 조림, 편육, 찜 ⑥ 스페어육 : 국거리, 구이 ⑦ 갈비 : 찜, 구이 ⑧ 삼겹살 : 편육, 조림, 다진고기 ⑨ 넙적다리 : 구이, 편육 ⑩ 족 : 찜, 조림

⑦ 어패류

어류에는 민어, 도미, 명태, 조기, 갈치, 꽁치, 고등어, 전갱이, 홍어, 준치, 오징어 등이 있다. 패류에는 전복, 홍합, 모시조개, 굴, 대합, 맛살 등이 있으며, 갑각류로 게, 새우, 가재 등이 있다.

생선의 조리에서 가장 중요한 요건은 어취를 해소하는 것으로서 그 방법으로는 물로 씻기, 식초나 과즙(레몬즙), 산 첨가하기, 간장, 된장, 고추장, 파, 무, 생강 첨가 등이 있다. 어취 해소로 흔히 사용되는 파, 마늘, 생강은 거의 익은 후 첨가하는 것이 어취해소에 가장 좋다.

⑧ 해조류

해조류에는 녹조류, 갈조류, 홍조류가 있다. 흔히 식용하는 것으로서 녹조류에는 파래, 갈조류에는 다시마, 미역, 홍조류에는 김이 있다. 이들에는 카로틴과 요오드를 비롯하여 엽록소, 칼륨, 철 등이 많아 비타민과 무기질 식품으로 빼놓을 수 없는 식품들이다.

⑨ 알류

알류에는 달걀, 메추리알, 오리알 등이 있으며 한식조리에 가장 많이 쓰이는 달걀은 삶거나 찜, 수란, 조림, 전을 부칠 때 씌우는 재료로 널리 쓰인다.

⑩ 과실류

유기산(사과산, 주석산, 구연산 등)이 들어 있어 상쾌한 맛이 나며 비타민, 무기염류가 풍부하다. 종류로는 인과류(배, 사과, 감 등), 핵과류(복숭아, 자두, 대추 등), 장과류(포도, 딸기, 바나나 등), 견과류(호두, 은행 등)가 있다. 과일은 주로 생으로 이용하나 꿀물이나 오미자 국물에 넣어 화채를 만들기도 하고, 술이나 식초를 만들기도 한다.

식품의 계량

각종 식품 및 조미료의 계량법을 올바르게 알고 적절하게 사용함이 조리사의 기본 태도라고 할 수 있다. 식품의 계량방법 중 고체로 된 것은 중량으로 하고 분상이나 액상으로 된 것은 부피를 측정하는 것이 올바른 계량측정이라 할 수 있고, 중량을 측정할 때는 흔히 자동 저울을 사용하며 부피는 계량 컵과 계량 스푼을 사용하여 측정한다. 따라서 각종 식품 및 조미료 계량법을 올바르게 알아야 한다.

❶ 계량도구

일반적으로 사용하는 계량도구는 저울, 계량컵, 계량스푼 등이 있다.

- 자동저울 : 중량을 측정하며 g, kg으로 나타낸다.
- 계량컵 : 부피를 측정하며, 200ml가 기본 단위이다.
- 계량스푼 : 양념류의 부피를 측정하며, Ts(Table spoon) - 테이블스푼 = 큰술, ts(tea spoon) - 티스푼 = 작은술로 표시한다.

  - 1Cup = 1C = 200cc(200mℓ) = 13$\frac{1}{3}$Table Spoon(한국)
  - 1Cup = 1C = 240cc(240mℓ) = 16Table Spoon(미국)
  - 1Table spoon = 1Ts = 15cc
  - 1tea spoon = 1ts = 5cc
  - 1Table spoon = 3tea spoon

- 온도계 : 음식의 온도 또는 기름의 온도를 측정할 때 사용한다.

❷ 올바른 계량방법

재료를 정확하게 측정하기 위해서는 정확한 계량기를 사용하는 것이 중요하다. 가장 대표적인 계량기구로는 저울, 계량컵, 계량스푼이 있다. 저울을 사용할 때는 바늘은 '0'에 고정시켜서 눈금을 정면에서 읽는다.

밀가루, 백설탕 등의 가루로 된 재료는 덩어리졌을 경우 잘게 부수어 체에 친 다음 계량기의 윗면이 수평이 되도록 깎아서 잰다. 가루는 절대로 흔들거나 꼭꼭 눌러 담지 않도록 한다. 쌀, 콩 등의 곡류는 컵에 가득 담아 살짝 흔든 후 윗면이 수평이 되도록 깎아서 재며 흑설탕이나 버터, 마가린, 된장, 고추장 등의 수분 함량이 많은 식품은 계량기구에 눌러 담아 빈 공간이 없도록 채워서 깎아잰다.

③ 계량단위

- 1근 – 600g : 고추, 설탕, 육류
  - 375g : 야채, 밀가루, 과일
- 1Lb(파운드) = 454g = 16oz(온스)
- 1gallon(갤론) = 4quart(쿼터) = 16Cup
- 1oz(온스) = 28.4g = 약 30㎖(30cc)
- 1되 = 1.8ℓ = 1.8kg
- 1관 = 3.75kg

④ 식품중량표

식품명 \ 계량	1작은술	1큰술	1컵	식품명 \ 계량	1작은술	1큰술	1컵
물	5	15	200	깨소금	2	6	86
소금	4	12	167	통깨	2	7	93
국간장	6	18	240	식용유(콩기름)	4	13	170
진간장	6	18	240	흰설탕	4	12	160
고추장	6	19	252	식초	5	15	200
참기름	4	13	187	고춧가루, 고운고춧가루	2.2	7	93
새우젓	5	15	200	후춧가루, 흰후춧가루	2.5	8	117
멸치액젓	5	15	200	겨잣가루	2	6	92

한식조리기능사 실기 시험문제

KOREAN FOOD
cook practical technique

수험자 유의사항 공통

1) 만드는 순서에 유의하며, 위생과 숙련된 기능평가를 위하여 조리작업 시 맛을 보지 않습니다.
2) 지정된 수험자 지참준비물 이외의 조리기구나 재료를 시험장 내에 지참할 수 없습니다.
3) 지급재료는 시험 전 확인하여 이상이 있을 경우 시험위원으로부터 조치를 받고 시험 중에는 재료의 교환 및 추가지급은 하지 않습니다.
4) 요구사항의 규격은 "정도"의 의미를 포함하며, 지급된 재료의 크기에 따라 가감하여 채점합니다.
5) 위생복, 위생모, 앞치마를 착용하여야 하며, 시험장비 · 조리도구 취급 등 안전에 유의합니다.
6) 다음 사항은 실격에 해당하여 **채점 대상에서 제외**됩니다.
   가) 수험자 본인이 시험 도중 시험에 대한 포기 의사를 표현하는 경우
   나) 위생복, 위생모, 앞치마, 마스크를 착용하지 않은 경우
   다) 시험시간 내에 과제 두 가지를 제출하지 못한 경우
   라) 문제의 요구사항대로 과제의 수량이 만들어지지 않은 경우
   마) 완성품을 요구사항의 과제(요리)가 아닌 다른 요리(예, 달걀말이 → 달걀찜)로 만든 경우
   바) 불을 사용하여 만든 조리작품이 작품특성에 벗어나는 정도로 타거나 익지 않은 경우
   사) 해당과제의 지급재료 이외 재료를 사용하거나, 요구사항의 조리기구(석쇠 등)로 완성품을 조리하지 않은 경우
   아) 지정된 수험자지참준비물 이외의 조리기술에 영향을 줄 수 있는 기구를 사용한 경우
   자) 가스레인지 화구 2개 이상(2개 포함) 사용한 경우
   차) 시험 중 시설 · 장비(칼, 가스레인지 등) 사용 시 시험위원 및 타수험자의 시험 진행에 위해를 일으킬 것으로 시험위원 전원이 합의하여 판단한 경우
   카) 요구사항에 표시된 실격 및 부정행위에 해당하는 경우
7) 항목별 배점은 위생상태 및 안전관리 5점, 조리기술 30점, 작품의 평가 15점입니다.
8) 시험시작 전 가벼운 몸 풀기(스트레칭) 동작으로 긴장을 풀고 시험을 시작합니다.

기초 조리

01 재료썰기

시험시간

25분

조리의 기초가 되는 채 썰기와 돌려깎기 및 달걀지단의 숙련도를 볼 수 있는 시험품목으로 한식조리의 기본이 되는 품목이다.

요구사항

※ 주어진 재료를 사용하여 다음과 같이 [재료 썰기]를 하시오.

가. 무, 오이, 당근, 달걀지단을 썰기 하여 전량 제출하시오.
(단, 재료별 써는 방법이 틀렸을 경우 실격 처리)

나. 무는 채썰기, 오이는 돌려깎기하여 채썰기, 당근은 골패썰기를 하시오.

다. 달걀은 흰자와 노른자를 분리하여 알끈과 거품을 제거하고 지단을 부쳐 완자(마름모꼴)모양으로 각 10개를 썰고, 나머지는 채썰기를 하시오.

라. 재료 썰기의 크기는 다음과 같이 하시오.
1) 채썰기 – 0.2cm×0.2cm×5cm
2) 골패썰기 – 0.2cm×1.5cm×5cm
3) 마름모형 썰기 – 한 면의 길이가 1.5cm

수험자 유의사항 공통

1) 만드는 순서에 유의하며, 위생과 숙련된 기능평가를 위하여 조리작업 시 맛을 보지 않습니다.
2) 지정된 수험자지참준비물 이외의 조리기구나 재료를 시험장 내에 지참할 수 없습니다.
3) 지급재료는 시험 전 확인하여 이상이 있을 경우 시험위원으로부터 조치를 받고 시험 중에는 재료의 교환 및 추가지급은 하지 않습니다.
4) 요구사항 및 지급재료의 규격은 "정도"의 의미를 포함하며, 재료의 크기에 따라 가감하여 채점됩니다.
5) 위생복, 위생모, 앞치마, 마스크를 착용하여야 하며, 시험장비 · 조리기구 취급 등 안전에 유의합니다.
6) 다음 사항은 실격에 해당하여 채점 대상에서 제외됩니다.
   가) 수험자 본인이 시험 도중 시험에 대한 포기 의사를 표현하는 경우
   나) 위생복, 위생모, 앞치마, 마스크를 착용하지 않은 경우
   다) 시험시간 내에 과제 두 가지를 제출하지 못한 경우
   라) 문제의 요구사항대로 과제의 수량이 만들어지지 않은 경우
   마) 완성품을 요구사항의 과제(요리)가 아닌 다른 요리(예, 달걀말이 → 달걀찜)로 만든 경우
   바) 불을 사용하여 만든 조리작품이 작품특성에 벗어나는 정도로 타거나 익지 않은 경우
   사) 해당과제의 지급재료 이외 재료를 사용하거나, 요구사항의 조리기구(석쇠 등)로 완성품을 조리하지 않은 경우
   아) 지정된 수험자지참준비물 이외의 조리기술에 영향을 줄 수 있는 기구를 사용한 경우
   자) 가스레인지 화구 2개 이상(2개 포함) 사용한 경우
   차) 시험 중 시설 · 장비(칼, 가스레인지 등) 사용 시 시험위원 및 타수험자의 시험 진행에 위해를 일으킬 것으로 시험위원 전원이 합의하여 판단한 경우
   카) 요구사항에 표시된 실격 및 부정행위에 해당하는 경우
7) 항목별 배점은 위생상태 및 안전관리 5점, 조리기술 30점, 작품의 평가 15점입니다.
8) 시험시작 전 가벼운 몸 풀기(스트레칭) 동작으로 긴장을 풀고 시험을 시작합니다.

지급재료목록

- 무 ········· 100g
- 오이(길이 25cm) ········· 1/2개
- 당근(길이 6cm) ········· 1토막
- 달걀 ········· 3개
- 식용유 ········· 20ml
- 소금 ········· 10g

만드는 법

재료 썰기

지단 부치기

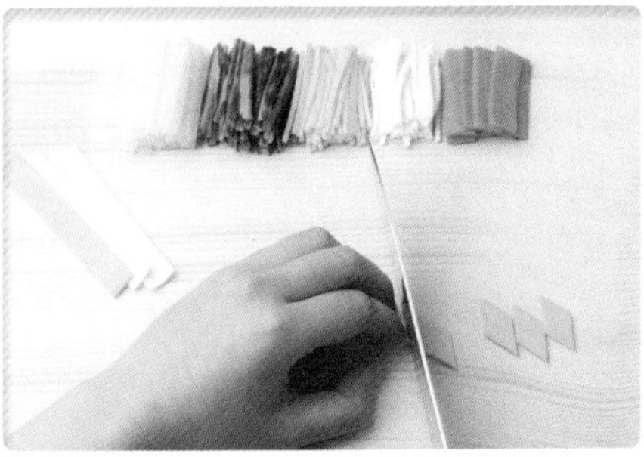

달걀 지단 완자(마름모꼴) 모양 썰기

밑 준비

01 달걀은 흰자와 노른자로 분리하여 그릇에 깨 넣고 소금을 뿌린 후 나무젓가락으로 걷어 올리 듯 끊어 준비한다.

02 오이는 소금으로 비벼 씻은 후 가시를 제거한다.

03 당근은 껍질을 벗겨 준비한다.

재료 썰기

04 무는 두께 0.2cm×0.2cm×5cm로 채썰고, 당근은 0.2cm×1.5cm×5cm로 골패썰기한다. 오이는 돌려깎기하여 0.2cm×0.2cm×5cm로 채썬다.

지단 부치기와 썰기

05 소금을 뿌려둔 흰자와 노른자는 각각 체에 내려서 팬에 기름을 소량 두르고 종이타올로 닦아 팬을 길들인 뒤 지단을 부쳐 식힌다.

06 지단의 폭이 1.5cm와 길이 12cm가 되도록 황 · 백 각 2줄씩 썰어 한쪽면이 1.5cm가 되도록 완자(마름모꼴) 모양으로 썰어 각각 10개씩 준비한다.

07 남은 지단은 각각 0.2cm×0.2cm×5cm로 채썬다.

완성하기

08 접시에 무 채, 오이 채, 당근 골패썰기, 황 · 백지단 완자(마름모꼴) 모양 각 10개씩, 황 · 백지단 채를 담아낸다.

※ 재표별 써는 방법이 틀렸거나 한가지라도 제출하지 않았을 경우 실격처리됨

참고사항

01 오이는 돌려깎기할 때 두께가 두꺼우면 중간에 오이가 끊어져 버리므로 0.2cm 두께로 균일하게 돌려 깎기하여 채썬다.

02 당근은 폭 1.5cm와 길이 5cm로 토막 썰어서 두께가 0.2cm 되도록 균일하게 골패썰기한다.

03 달걀은 흰자와 노른자로 분리하여 소금을 뿌려 잠시 두었다가 체에 내려야 삭아서 잘 내려가며, 체에 내리는 과정을 생략하면 알끈과 거품제거가 되지않아 지단이 매끈하게 부쳐지지 않는다.

04 부쳐낸 지단을 종이타올로 옮겨서 식혀야 수분이 생기지 않으며, 식힌 후 썰어야 지단이 깨지지 않고 단면이 깨끗하게 썰린다.

05 지단 완자(마름모꼴) 모양은 식힌 지단을 황 · 백 각각 폭 1.5cm와 길이 12cm로 2개씩을 준비하여 각 1쪽당 5개씩 나오도록 (황 · 백 각 10개씩) 썬다 (한 면의 길이가 1.5cm가 나오도록 썬다).

06 완자 모양을 썰고 남은 지단은 0.2cm×0.2cm×5cm로 채썬다.

밥조리

02 콩나물밥

시험시간

30분

쌀과 콩나물을 넣고 촉촉하게 지어 양념장을 곁들여 비벼먹는 별미밥이다.

밥물의 분량은 콩나물이 들어가므로 보통 쌀밥보다 적은 비율로 넣는다.

요구사항

※ 주어진 재료를 사용하여 다음과 같이 [콩나물밥]을 만드시오.
가. 콩나물은 꼬리를 다듬고 소고기는 채썰어 간장양념을 하시오.
나. 밥을 지어 전량 제출하시오.

수험자 유의사항 공통

1) 만드는 순서에 유의하며, 위생과 숙련된 기능평가를 위하여 조리작업 시 맛을 보지 않습니다.
2) 지정된 수험자지참준비물 이외의 조리기구나 재료를 시험장 내에 지참할 수 없습니다.
3) 지급재료는 시험 전 확인하여 이상이 있을 경우 시험위원으로부터 조치를 받고 시험 중에는 재료의 교환 및 추가지급은 하지 않습니다.
4) 요구사항 및 지급재료의 규격은 "정도"의 의미를 포함하며, 재료의 크기에 따라 가감하여 채점됩니다.
5) 위생복, 위생모, 앞치마, 마스크를 착용하여야 하며, 시험장비 · 조리기구 취급 등 안전에 유의합니다.
6) 다음 사항은 실격에 해당하여 채점 대상에서 제외됩니다.
   가) 수험자 본인이 시험 도중 시험에 대한 포기 의사를 표현하는 경우
   나) 위생복, 위생모, 앞치마, 마스크를 착용하지 않은 경우
   다) 시험시간 내에 과제 두 가지를 제출하지 못한 경우
   라) 문제의 요구사항대로 과제의 수량이 만들어지지 않은 경우
   마) 완성품을 요구사항의 과제(요리)가 아닌 다른 요리(예, 달걀말이 → 달걀찜)로 만든 경우
   바) 불을 사용하여 만든 조리작품이 작품특성에 벗어나는 정도로 타거나 익지 않은 경우
   사) 해당과제의 지급재료 이외 재료를 사용하거나, 요구사항의 조리기구(석쇠 등)로 완성품을 조리하지 않은 경우
   아) 지정된 수험자지참준비물 이외의 조리기술에 영향을 줄 수 있는 기구를 사용한 경우
   자) 가스레인지 화구 2개 이상(2개 포함) 사용한 경우
   차) 시험 중 시설 · 장비(칼, 가스레인지 등) 사용 시 시험위원 및 타수험자의 시험 진행에 위해를 일으킬 것으로 시험위원 전원이 합의하여 판단한 경우
   카) 요구사항에 표시된 실격 및 부정행위에 해당하는 경우
7) 항목별 배점은 위생상태 및 안전관리 5점, 조리기술 30점, 작품의 평가 15점입니다.
8) 시험시작 전 가벼운 몸 풀기(스트레칭) 동작으로 긴장을 풀고 시험을 시작합니다.

지급재료목록

- 쌀(30분정도 물에 불린 쌀) ··········· 150g
- 콩나물 ··········· 60g
- 소고기(살코기) ··········· 30g
- 대파(흰 부분, 4cm) ··········· 1/2토막
- 마늘(중, 깐 것) ··········· 1쪽
- 진간장 ··········· 5ml
- 참기름 ··········· 5ml

▣ 소고기 양념장

- 진간장 ··········· 1/3작은술
- 다진파 ··········· 1/4작은술
- 다진마늘 ··········· 1/6작은술
- 참기름 ··········· 1/6작은술

만드는 법

콩나물 다듬기

쌀 체에 밭치기

01 불려서 나온 쌀을 체에 밭쳐 물기를 뺀다.

재료 손질하기

02 콩나물은 깨끗이 씻어 꼬리를 다듬고 껍질과 상한 부위 등을 깨끗하게 제거한다.

03 소고기는 기름기는 제거하고 결대로 곱게 채썬 다음 소고기 양념재료를 넣고 양념해 둔다.

밥 짓기

밥짓기

04 냄비에 불린 쌀을 담고 그 위에 콩나물을 올린 후, 양념한 소고기를 얹고 적량의 물을 부어 밥을 짓는다. (뜸을 충분히 들여 밥이 잘 퍼지게 한다)

완성하기

05 밥이 다 되면 위, 아래를 가볍게 섞어서 밥을 푼다.

밥 섞기

참고사항

01 콩나물에서 수분이 나오므로 보통 밥을 지을 때보다 밥물의 분량을 적게 잡는다. (지급된 불린쌀의 부피의 동량의 물에서 2~3큰술 정도 빼고 밥을 짓는다)

02 밥을 지을 때 소금을 약간 넣어야 맛있는 밥이 된다.

03 밥을 지을 때는 눌지 않도록 먼저 센불에서 끓이다가 중불로 줄이고 쌀이 퍼지면 약불에서 뜸을 들여 밥을 짓는다.

콩나물밥

밥조리

03 비빔밥

시험시간

50분

비빔밥은 밥 위에 여러 가지 나물과 고기를 얹어 비벼먹는 밥으로 영양학적으로 손색이 없이 균형잡힌 일품 요리이다.

요구사항

※ 주어진 재료를 사용하여 다음과 같이 [비빔밥]을 만드시오.
가. 채소, 소고기, 황 · 백 지단의 크기는 0.3cm×0.3cm×5cm로 써시오.
나. 호박은 돌려깎기하여 0.3cm×0.3cm×5cm로 써시오.
다. 청포묵의 크기는 0.5cm×0.5cm×5cm로 써시오.
라. 소고기는 고추장 볶음과 고명에 사용하시오.
마. 담은 밥 위에 준비된 재료들을 색 맞추어 돌려 담으시오.
바. 볶은 고추장은 완성된 밥 위에 얹어 내시오.

수험자 유의사항 공통

1) 만드는 순서에 유의하며, 위생과 숙련된 기능평가를 위하여 조리작업 시 맛을 보지 않습니다.
2) 지정된 수험자지참준비물 이외의 조리기구나 재료를 시험장 내에 지참할 수 없습니다.
3) 지급재료는 시험 전 확인하여 이상이 있을 경우 시험위원으로부터 조치를 받고 시험 중에는 재료의 교환 및 추가지급은 하지 않습니다.
4) 요구사항 및 지급재료의 규격은 "정도"의 의미를 포함하며, 재료의 크기에 따라 가감하여 채점됩니다.
5) 위생복, 위생모, 앞치마, 마스크를 착용하여야 하며, 시험장비 · 조리기구 취급 등 안전에 유의합니다.
6) 다음 사항은 실격에 해당하여 채점 대상에서 제외됩니다.
   가) 수험자 본인이 시험 도중 시험에 대한 포기 의사를 표현하는 경우
   나) 위생복, 위생모, 앞치마, 마스크를 착용하지 않은 경우
   다) 시험시간 내에 과제 두 가지를 제출하지 못한 경우
   라) 문제의 요구사항대로 과제의 수량이 만들어지지 않은 경우
   마) 완성품을 요구사항의 과제(요리)가 아닌 다른 요리(예, 달걀말이 → 달걀찜)로 만든 경우
   바) 불을 사용하여 만든 조리작품이 작품특성에 벗어나는 정도로 타거나 익지 않은 경우
   사) 해당과제의 지급재료 이외 재료를 사용하거나, 요구사항의 조리기구(석쇠 등)로 완성품을 조리하지 않은 경우
   아) 지정된 수험자지참준비물 이외의 조리기술에 영향을 줄 수 있는 기구를 사용한 경우
   자) 가스레인지 화구 2개 이상(2개 포함) 사용한 경우
   차) 시험 중 시설 · 장비(칼, 가스레인지 등) 사용 시 시험위원 및 타수험자의 시험 진행에 위해를 일으킬 것으로 시험위원 전원이 합의하여 판단한 경우
   카) 요구사항에 표시된 실격 및 부정행위에 해당하는 경우
7) 항목별 배점은 위생상태 및 안전관리 5점, 조리기술 30점, 작품의 평가 15점입니다.
8) 시험시작 전 가벼운 몸 풀기(스트레칭) 동작으로 긴장을 풀고 시험을 시작합니다.

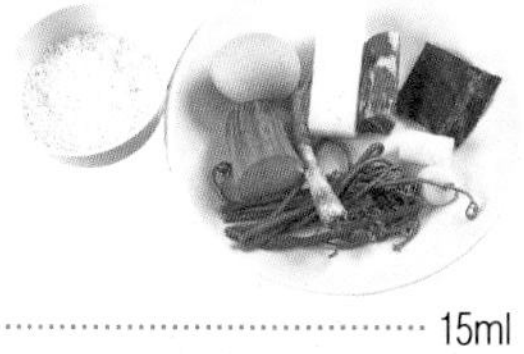

지급재료목록

- 쌀(30분정도 물에 불린 쌀) ·········· 150g
- 애호박(중, 길이 6cm) ·········· 60g
- 도라지(찢은 것) ·········· 20g
- 고사리(불린 것) ·········· 30g
- 청포묵(중, 길이 6cm) ·········· 40g
- 소고기(살코기) ·········· 30g
- 달걀 ·········· 1개
- 건 다시마(5×5cm) ·········· 1장
- 고추장 ·········· 40g
- 식용유 ·········· 30ml
- 대파(흰부분, 4cm) ·········· 1토막
- 마늘(중, 깐 것) ·········· 2쪽
- 진간장 ·········· 15ml
- 흰설탕 ·········· 15g
- 깨소금 ·········· 5g
- 검은후춧가루 ·········· 1g
- 참기름 ·········· 5ml
- 소금(정제염) ·········· 10g

▣ 소고기 양념장

- 진간장 ·········· 1/3작은술
- 흰설탕 ·········· 1/6작은술
- 다진파 ·········· 1/6작은술
- 다진마늘 ·········· 1/8작은술
- 깨소금 ·········· 1/8작은술
- 참기름 ·········· 1/8작은술
- 검은 후춧가루 ·········· 적량

▣ 고추장 볶음

- 다진 소고기 ·········· 10g
- 고추장 ·········· 1큰술
- 물 ·········· 1큰술
- 흰설탕 ·········· 1작은술
- 참기름 ·········· 1/3작은술

만드는 법

재료 채썰기

호박 볶기

고추장볶음 만들기

밥짓기

01 밥은 질지 않게 고슬고슬하게 지어 놓는다.

재료 손질하기

02 애호박은 돌려깎기한 후 0.3cm×0.3cm×5cm로 채썰어 소금에 살짝 절였다가 면보에 꼭 짠다.

03 도라지는 0.3cm×0.3cm×5cm로 썰어 소금으로 주물러 씻어 쓴맛을 뺀다.

04 고사리는 뻣뻣한 줄기는 잘라내고, 5cm 길이로 잘라 양념장(간장, 깨소금, 참기름, 다진파, 다진마늘)으로 무친다.

05 청포묵은 0.5cm×0.5cm×5cm로 채썰어 끓는 물에 데쳐 식힌 다음 소금, 참기름으로 무친다.

06 소고기 중 일부는 0.3cm×0.3cm×5cm로 채썰어 갖은 양념으로 무치고 나머지 소고기는 곱게 다진 후 양념하여 고추장볶음용으로 쓴다.

07 달걀은 황 · 백으로 나누어 소금을 넣고 잘 저어 거품을 제거한다.

재료 볶기

08 팬에 기름을 두르고, 다시마를 튀겨 잘게 부순다.

09 달걀은 황 · 백으로 지단을 얇게 부쳐 채썬다.

10 도라지는 기름에 볶으면서 다진파, 다진마늘, 깨소금, 참기름을 넣고 잘무르도록 볶으면서 소금으로 간을 맞춘다.

11 애호박은 기름에 볶으면서 다진파, 다진마늘, 깨소금을 넣어 간을 맞추고 양념한 고사리와 소고기는 기름에 볶는다.

12 팬에 기름을 두르고 다진 소고기를 볶으면서 고추장, 설탕, 물, 참기름을 넣어 부드럽게 볶아서 고추장볶음을 만든다.

완성하기

13 그릇에 밥을 담고 그 위에 준비한 재료들을 색을 맞춰 돌려 담은 뒤 다시마 튀각, 고추장 볶음, 황 · 백 지단을 얹어 낸다.

참고사항

01 불리지 않은 쌀이 나오면 따뜻한 물을 계량해서 잠시 불려두었다 쓰고(쌀:물 = 1:1.2) 불린 쌀이 나오면 동량의 물을 부어 밥을 짓는다(쌀:물 = 1:1).

02 밥을 지을 때 약간의 소금을 넣어 밥을 지으면 밥맛이 좋다.

03 밥을 지을 때는 질거나 눌지 않도록 하기 위해 불 조절을 잘하여야 한다. 처음에 센불에서 끓이다가 중불로 조절하고, 약불에서 뜸을 들인 후 불을 끄고 잠시 두었다가 나무주걱에 물을 묻혀 고루 섞어 준다.

04 밥에 나물과 고명을 얹을 때는 밥이 다 가려지지 않도록(밥이 보이도록) 색을 맞춰 조화있게 담는다.

05 다시마는 튀긴 후, 기름을 빼고 비닐봉지에 담아 잘게 부숴 사용하고, 다시마 튀긴 기름을 이용하여 재료를 볶으면 맛이 좋다.

비빔밥

죽조리

04 장국죽

시험시간

30분

장국죽은 육류를 넣어 만든 죽으로 영양적으로 우수하고 맛이 있다. 아기 이유식이나 노인과 회복기의 환자의 영양식으로 적당하다. 죽이 거의 다 되었을 때에 달걀을 풀어 넣어 반숙 정도로 익혀서 먹어도 맛이 잘 어울린다.

요구사항

※ 주어진 재료를 사용하여 다음과 같이 [장국죽]을 만드시오.
가. 불린 쌀을 반 정도로 싸라기를 만들어 죽을 쑤시오.
나. 소고기는 다지고 불린 표고는 3cm 정도의 길이로 채 써시오.

수험자 유의사항 공통

1) 만드는 순서에 유의하며, 위생과 숙련된 기능평가를 위하여 조리작업 시 맛을 보지 않습니다.
2) 지정된 수험자지참준비물 이외의 조리기구나 재료를 시험장 내에 지참할 수 없습니다.
3) 지급재료는 시험 전 확인하여 이상이 있을 경우 시험위원으로부터 조치를 받고 시험 중에는 재료의 교환 및 추가지급은 하지 않습니다.
4) 요구사항 및 지급재료의 규격은 "정도"의 의미를 포함하며, 재료의 크기에 따라 가감하여 채점됩니다.
5) 위생복, 위생모, 앞치마, 마스크를 착용하여야 하며, 시험장비 · 조리기구 취급 등 안전에 유의합니다.
6) 다음 사항은 실격에 해당하여 채점 대상에서 제외됩니다.
   가) 수험자 본인이 시험 도중 시험에 대한 포기 의사를 표현하는 경우
   나) 위생복, 위생모, 앞치마, 마스크를 착용하지 않은 경우
   다) 시험시간 내에 과제 두 가지를 제출하지 못한 경우
   라) 문제의 요구사항대로 과제의 수량이 만들어지지 않은 경우
   마) 완성품을 요구사항의 과제(요리)가 아닌 다른 요리(예, 달걀말이 → 달걀찜)로 만든 경우
   바) 불을 사용하여 만든 조리작품이 작품특성에 벗어나는 정도로 타거나 익지 않은 경우
   사) 해당과제의 지급재료 이외 재료를 사용하거나, 요구사항의 조리기구(석쇠 등)로 완성품을 조리하지 않은 경우
   아) 지정된 수험자지참준비물 이외의 조리기술에 영향을 줄 수 있는 기구를 사용한 경우
   자) 가스레인지 화구 2개 이상(2개 포함) 사용한 경우
   차) 시험 중 시설 · 장비(칼, 가스레인지 등) 사용 시 시험위원 및 타수험자의 시험 진행에 위해를 일으킬 것으로 시험위원 전원이 합의하여 판단한 경우
   카) 요구사항에 표시된 실격 및 부정행위에 해당하는 경우
7) 항목별 배점은 위생상태 및 안전관리 5점, 조리기술 30점, 작품의 평가 15점입니다.
8) 시험시작 전 가벼운 몸 풀기(스트레칭) 동작으로 긴장을 풀고 시험을 시작합니다.

지급재료목록

- 쌀(30분정도 물에 불린 쌀) ………… 100g
- 소고기(살코기) ………… 20g
- 건표고버섯(지름5cm, 물에 불린 것, 부서지지 않은 것) ………… 1개
- 대파(흰부분, 4cm) ………… 1토막
- 마늘(중, 깐 것) ………… 1쪽
- 진간장 ………… 10ml
- 깨소금 ………… 5g
- 검은후춧가루 ………… 1g
- 참기름 ………… 10ml
- 국간장 ………… 10ml

▣ 소고기 · 표고버섯 양념장

- 진간장 ………… 1/3작은술
- 다진파 ………… 1/2작은술
- 다진마늘 ………… 1/4작은술
- 깨소금 ………… 1/6작은술
- 참기름 ………… 1/8작은술
- 검은 후춧가루 ………… 약간

▣ 완성된 죽 간맞추기

- 국간장 ………… 1~ 2작은술

재료손질

쌀 볶기

물 붓기

만드는 법

재료 손질하기

01 쌀은 씻어 불린 후 건져서 방망이로 반 정도로 빻아서 싸라기 정도로 부순다.

02 파, 마늘은 곱게 다진다.

03 소고기는 기름기를 제거한 후 곱게 다져주고 표고버섯은 물기를 짠 후 포를 떠서 3cm 길이로 곱게 채썬다.

04 소고기와 표고버섯은 갖은 양념으로 각각 양념한다.

냄비에 끓이기

05 냄비에 참기름을 두른 후, 약한 불에서 소고기와 표고버섯을 넣고 볶다가 으깬 쌀을 넣어 충분히 볶는다.

06 쌀 분량의 5~6배의 물을 계량하여 붓고, 은근한 불에서 저어가며 충분히 끓여준다.

07 쌀알이 충분히 퍼진 후 국간장으로 죽의 색과 간을 맞춘다.

완성하기

08 죽의 농도를 맞춰준 후 그릇에 담아낸다.

참고사항

01 쌀을 충분히 불려 싸라기를 만든다.

02 처음엔 센불에서 끓여준 후, 불을 줄여 쌀알이 잘 퍼지도록 끓인다. 이때 쌀이 퍼지기 시작할 때까지는 눌러붙지 않게 저으면서 끓인다.

03 쌀과 물의 비율은 5~6배 정도로 해준다.

04 죽이 되직하여 물을 추가로 부을 경우에는 꼭 한번 더 끓여야만 맑은 물이 죽 위에 뜨는 것을 방지한다.

05 죽은 내기 직전에 간을 맞추도록 하며 미리 간을 하면 죽이 삭게 된다.

06 진간장은 소고기와 표고버섯을 양념하는 데 사용하고, 국간장은 완성된 죽의 색을 내는 데 사용한다.

장국죽

국·탕조리

05 완자탕

시험시간 30분

완자탕은 맑은 육수에 다진 소고기와 두부를 으깨어 빚은 완자를 끓인 맑은국이다. 완자탕은 반상에 오르기보다 교자상이나 주안상에 어울리는 탕으로 궁중에서는 봉오리라고 하고, 민간에서는 모리라고 불려서 완자탕을 봉오리탕, 모리탕이라고도 한다.

요구사항

※ 주어진 재료를 사용하여 다음과 같이 [완자탕]을 만드시오.
가. 완자는 직경 3cm 정도로 6개를 만들고, 국 국물의 양은 200mL 이상 제출하시오.
나. 달걀은 지단과 완자용으로 사용하시오.
다. 고명으로 황 · 백지단(마름모꼴)을 각 2개씩 띄우시오.

수험자 유의사항 공통

1) 만드는 순서에 유의하며, 위생과 숙련된 기능평가를 위하여 조리작업 시 맛을 보지 않습니다.
2) 지정된 수험자지참준비물 이외의 조리기구나 재료를 시험장 내에 지참할 수 없습니다.
3) 지급재료는 시험 전 확인하여 이상이 있을 경우 시험위원으로부터 조치를 받고 시험 중에는 재료의 교환 및 추가지급은 하지 않습니다.
4) 요구사항 및 지급재료의 규격은 "정도"의 의미를 포함하며, 재료의 크기에 따라 가감하여 채점됩니다.
5) 위생복, 위생모, 앞치마, 마스크를 착용하여야 하며, 시험장비 · 조리기구 취급 등 안전에 유의합니다.
6) 다음 사항은 실격에 해당하여 채점 대상에서 제외됩니다.
   가) 수험자 본인이 시험 도중 시험에 대한 포기 의사를 표현하는 경우
   나) 위생복, 위생모, 앞치마, 마스크를 착용하지 않은 경우
   다) 시험시간 내에 과제 두 가지를 제출하지 못한 경우
   라) 문제의 요구사항대로 과제의 수량이 만들어지지 않은 경우
   마) 완성품을 요구사항의 과제(요리)가 아닌 다른 요리(예, 달걀말이 → 달걀찜)로 만든 경우
   바) 불을 사용하여 만든 조리작품이 작품특성에 벗어나는 정도로 타거나 익지 않은 경우
   사) 해당과제의 지급재료 이외 재료를 사용하거나, 요구사항의 조리기구(석쇠 등)로 완성품을 조리하지 않은 경우
   아) 지정된 수험자지참준비물 이외의 조리기술에 영향을 줄 수 있는 기구를 사용한 경우
   자) 가스레인지 화구 2개 이상(2개 포함) 사용한 경우
   차) 시험 중 시설 · 장비(칼, 가스레인지 등) 사용 시 시험위원 및 타수험자의 시험 진행에 위해를 일으킬 것으로 시험위원 전원이 합의하여 판단한 경우
   카) 요구사항에 표시된 실격 및 부정행위에 해당하는 경우
7) 항목별 배점은 위생상태 및 안전관리 5점, 조리기술 30점, 작품의 평가 15점입니다.
8) 시험시작 전 가벼운 몸 풀기(스트레칭) 동작으로 긴장을 풀고 시험을 시작합니다.

지급재료목록

- 소고기(살코기) ······ 50g
- 소고기(사태부위) ······ 20g
- 달걀 ······ 1개
- 대파(흰부분, 4cm) ······ 1/2토막
- 밀가루(중력분) ······ 10g
- 마늘(중, 깐 것) ······ 2쪽
- 식용유 ······ 20ml
- 소금(정제염) ······ 10g
- 검은후춧가루 ······ 2g
- 두부 ······ 15g
- 키친타올(종이, 주방용, 소, 18×20cm) 1장
- 국간장 ······ 5ml
- 참기름 ······ 5ml
- 깨소금 ······ 5g
- 흰설탕 ······ 5g

▣ 소고기 · 두부 양념
- 소금 ······ 1/6작은술
- 흰설탕 ······ 1/8작은술
- 다진파 ······ 1 작은술
- 다진마늘 ······ 1/2작은술
- 깨소금 ······ 1/3작은술
- 참기름 ······ 1/4작은술
- 검은후춧가루 ······ 약간

▣ 간 맞추기
- 국간장 ······ 1/4작은술(빛깔만 날정도)
- 소금 ······ 간맞추기

만드는 법

완자 빚기

완자 지지기

완자탕 끓이기

육수 만들기

01 소고기 사태는 깨끗이 씻어 핏물을 빼고 찬물에 파, 마늘 등과 함께 끓여 맑은장국을 끓인다. (완성된 장국은 면보에 걸러 준비한다)

완자 빚기

02 나머지 소고기는 기름기를 제거한 후 곱게 다지고, 두부는 면보에 싸서 물기를 짠 후 곱게 으깨어 고기와 함께 섞고 갖은 양념을 하여 끈기 있게 치대고 직경 3cm의 완자를 빚는다.

지단 부치기

03 달걀은 황 · 백으로 나누어 반은 지단을 부쳐서 2cm×2cm의 마름모꼴로 썰고, 나머지는 혼합하여 체에 내려 완자용으로 사용한다.

완자 지지기

04 접시에 밀가루를 뿌리고 준비된 완자를 굴려 밀가루를 묻히고 여분의 밀가루는 손 안에서 완자를 흔들어서 털어낸 후 달걀물을 입히고 체에 완자를 받쳐 여분의 달걀물을 뺀 후 팬에 종이 타올을 이용하여 기름을 소량 두르고 달걀물 입힌 완자를 놓고(완자가 굴러갈 수 있도록) 팬을 돌려가며 지져낸다.

완자탕 끓이기

05 육수에 국간장과 소금으로 간을 맞추고 끓으면 불을 줄이고 완자를 넣어 잠시 끓인다.

완성하기

06 완성된 완자탕을 그릇에 담고 황 · 백 지단을 고명으로 띄워 낸다.

참고사항

01 육수를 끓일 때는 소고기 사태 부위를 깨끗이 씻어 찬물에서부터 고기를 넣어주고, 약한 불에서 은근히 끓여 육수를 맑고 깨끗하게 만든다.

02 두부는 물기를 꼭 짠 후 곱게 으깨어 곱게 다진 소고기와 섞어 충분히 치대주어야 완자의 표면이 매끄럽고 곱다.

03 팬이 달구어진 후에 기름을 약간 두르고 완자를 굴려야 동그란 모양이 유지되면서 찌그러지지 않게 잘 나온다.

04 완자를 팬에서 굴려가며 익힌 후 육수에 넣기 전에 키친타올 위에 올려 기름이 빠지도록 한 후 끓여내면 완성된 완자탕에 기름이 뜨지 않고 국물이 깨끗하다.

완자탕

찌개 조리

06 두부젓국찌개

시험시간

20분

새우젓으로 간을 맞추어 끓이는 맑은 찌개로, 두부와 굴을 넣고 짧은 시간에 끓여내야만 맑고 시원한 맛을 느낄 수 있다.

06 두부젓국찌개

요구사항

※ 주어진 재료를 사용하여 다음과 같이 [두부젓국찌개]를 만드시오.
가. 두부는 2cm×3cm×1cm로 써시오.
나. 홍고추는 0.5cm×3cm, 실파는 3cm 길이로 써시오.
다. 소금과 다진 새우젓의 국물로 간하고, 국물을 맑게 만드시오.
라. 찌개의 국물은 200mL 이상 제출하시오.

수험자 유의사항 공통

1) 만드는 순서에 유의하며, 위생과 숙련된 기능평가를 위하여 조리작업 시 맛을 보지 않습니다.
2) 지정된 수험자지참준비물 이외의 조리기구나 재료를 시험장 내에 지참할 수 없습니다.
3) 지급재료는 시험 전 확인하여 이상이 있을 경우 시험위원으로부터 조치를 받고 시험 중에는 재료의 교환 및 추가지급은 하지 않습니다.
4) 요구사항 및 지급재료의 규격은 "정도"의 의미를 포함하며, 재료의 크기에 따라 가감하여 채점됩니다.
5) 위생복, 위생모, 앞치마, 마스크를 착용하여야 하며, 시험장비 · 조리기구 취급 등 안전에 유의합니다.
6) 다음 사항은 실격에 해당하여 채점 대상에서 제외됩니다.
   가) 수험자 본인이 시험 도중 시험에 대한 포기 의사를 표현하는 경우
   나) 위생복, 위생모, 앞치마, 마스크를 착용하지 않은 경우
   다) 시험시간 내에 과제 두 가지를 제출하지 못한 경우
   라) 문제의 요구사항대로 과제의 수량이 만들어지지 않은 경우
   마) 완성품을 요구사항의 과제(요리)가 아닌 다른 요리(예, 달걀말이 → 달걀찜)로 만든 경우
   바) 불을 사용하여 만든 조리작품이 작품특성에 벗어나는 정도로 타거나 익지 않은 경우
   사) 해당과제의 지급재료 이외 재료를 사용하거나, 요구사항의 조리기구(석쇠 등)로 완성품을 조리하지 않은 경우
   아) 지정된 수험자지참준비물 이외의 조리기술에 영향을 줄 수 있는 기구를 사용한 경우
   자) 가스레인지 화구 2개 이상(2개 포함) 사용한 경우
   차) 시험 중 시설 · 장비(칼, 가스레인지 등) 사용 시 시험위원 및 타수험자의 시험 진행에 위해를 일으킬 것으로 시험위원 전원이 합의하여 판단한 경우
   카) 요구사항에 표시된 실격 및 부정행위에 해당하는 경우
7) 항목별 배점은 위생상태 및 안전관리 5점, 조리기술 30점, 작품의 평가 15점입니다.
8) 시험시작 전 가벼운 몸 풀기(스트레칭) 동작으로 긴장을 풀고 시험을 시작합니다.

지급재료목록

- 두부 ······ 100g
- 생굴(껍질 벗긴 것) ······ 30g
- 실파(1뿌리) ······ 20g
- 홍고추(생) ······ 1/2개
- 새우젓 ······ 10g
- 마늘(중, 깐 것) ······ 1쪽
- 참기름 ······ 5ml
- 소금(정제염) ······ 5g

▣ 간 맞추기

- 새우젓 ······ 1/2~1작은술
- 소금 ······ 적량

만드는 법

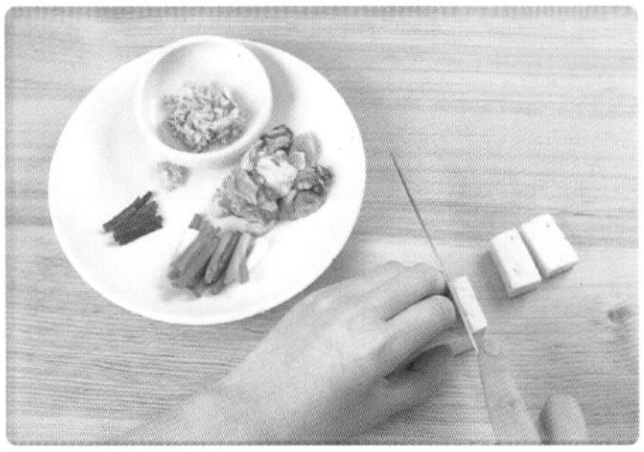
재료 채썰기

새우젓 다지기

굴 넣기

재료 손질하기

01 굴은 연한 소금물에 흔들어 씻어 굴 껍질을 잘 골라내고 체에 밭쳐둔다.

02 두부는 폭과 길이가 2cm×3cm, 두께 1cm로 썬다.

03 홍고추는 씨와 속을 빼고 0.5cm×3cm로 썰고, 실파는 3cm 정도의 길이로 썬다.

04 마늘은 곱게 다지고, 새우젓은 곱게 다진 후 국물을 짜 놓는다.

끓이기

05 냄비에 물을 알맞게 붓고 소금으로 간을 하여 끓으면 두부를 넣고 잠깐 끓이고 굴과 파를 넣고 홍고추를 넣은 후 새우젓국으로 간을 맞춘다음 불을 끈다.

완성하기

06 05에 참기름을 조금 떨어뜨려 그릇에 담아낸다.

참고사항

01 실파는 흰줄기 부분과 푸른잎 부분을 조화있게 3cm 길이로 썰어서 사용한다.

02 새우젓은 다져준 후 면보에 살며시 짜서 사용한다.

03 굴은 오래 끓이면 국물이 탁해지고 쪼글어들어 볼품이 없어지므로 주의한다. (굴이 동그랗게 부풀어 오르면 익은 것이다)

04 국물을 맑게하기 위해서 끓이는 도중에 뜨는 거품을 걷어내고 불의 세기는 중 · 약불에서 끓인다.

05 찌개는 국물 : 건더기의 양이 2 : 3으로, 건더기가 국물에 잠길 정도로 담는다.

두부젓국찌개

찌개
조리

07 생선찌개

시험시간

30분

찌개는 국물과 건더기의 비율을 2:3 정도로 해주며, 주로 쓰이는 장 종류에 따라 고추장찌개, 된장찌개, 젓국찌개 등으로 나눌 수 있다. 궁중 요리에서는 조치라고 하며, 주재료에 따라서 다양한 요리를 만들 수 있다. 찌개는 한국인의 상차림에서 빼놓을 수 없는 요리이기도 하다.

요구사항

※ 주어진 재료를 사용하여 다음과 같이 [생선찌개]를 만드시오.
가. 생선은 4~5cm 정도의 토막으로 자르시오.
나. 무, 두부는 2.5cm×3.5cm×0.8cm로 써시오.
다. 호박은 0.5cm 반달형, 고추는 통 어슷썰기, 쑥갓과 파는 4cm로 써시오.
라. 고추장, 고춧가루를 사용하여 만드시오.
마. 각 재료는 익는 순서에 따라 조리하고, 생선살이 부서지지 않도록 하시오.
바. 생선머리를 포함하여 전량 제출하시오.

수험자 유의사항 공통

1) 만드는 순서에 유의하며, 위생과 숙련된 기능평가를 위하여 조리작업 시 맛을 보지 않습니다.
2) 지정된 수험자지참준비물 이외의 조리기구나 재료를 시험장 내에 지참할 수 없습니다.
3) 지급재료는 시험 전 확인하여 이상이 있을 경우 시험위원으로부터 조치를 받고 시험 중에는 재료의 교환 및 추가지급은 하지 않습니다.
4) 요구사항 및 지급재료의 규격은 "정도"의 의미를 포함하며, 재료의 크기에 따라 가감하여 채점됩니다.
5) 위생복, 위생모, 앞치마, 마스크를 착용하여야 하며, 시험장비 · 조리기구 취급 등 안전에 유의합니다.
6) 다음 사항은 실격에 해당하여 채점 대상에서 제외됩니다.
   가) 수험자 본인이 시험 도중 시험에 대한 포기 의사를 표현하는 경우
   나) 위생복, 위생모, 앞치마, 마스크를 착용하지 않은 경우
   다) 시험시간 내에 과제 두 가지를 제출하지 못한 경우
   라) 문제의 요구사항대로 과제의 수량이 만들어지지 않은 경우
   마) 완성품을 요구사항의 과제(요리)가 아닌 다른 요리(예, 달걀말이 → 달걀찜)로 만든 경우
   바) 불을 사용하여 만든 조리작품이 작품특성에 벗어나는 정도로 타거나 익지 않은 경우
   사) 해당과제의 지급재료 이외 재료를 사용하거나, 요구사항의 조리기구(석쇠 등)로 완성품을 조리하지 않은 경우
   아) 지정된 수험자지참준비물 이외의 조리기술에 영향을 줄 수 있는 기구를 사용한 경우
   자) 가스레인지 화구 2개 이상(2개 포함) 사용한 경우
   차) 시험 중 시설 · 장비(칼, 가스레인지 등) 사용 시 시험위원 및 타수험자의 시험 진행에 위해를 일으킬 것으로 시험위원 전원이 합의하여 판단한 경우
   카) 요구사항에 표시된 실격 및 부정행위에 해당하는 경우
7) 항목별 배점은 위생상태 및 안전관리 5점, 조리기술 30점, 작품의 평가 15점입니다.
8) 시험시작 전 가벼운 몸 풀기(스트레칭) 동작으로 긴장을 풀고 시험을 시작합니다.

지급재료목록

- 동태(300g정도) ······ 1마리
- 무 ······ 60g
- 애호박 ······ 30g
- 두부 ······ 60g
- 풋고추(길이5cm이상) ······ 1개
- 홍고추(생) ······ 1개
- 쑥갓 ······ 10g
- 마늘(중, 깐 것) ······ 2쪽
- 생강 ······ 10g
- 실파(2뿌리) ······ 40g
- 고추장 ······ 30g
- 소금(정제염) ······ 10g
- 고춧가루 ······ 10g

▣ 찌개 양념

- 고추장 ······ 1.5~2큰술
- 고춧가루 ······ 1큰술~ 1.5큰술
- 소금 ······ 1~1.5작은술

재료 썰기

무 넣어 끓이기

호박 넣기

만드는 법

재료 손질하기

01 생선은 비늘을 긁고 지느러미를 떼어낸후 씻어서 물기를 닦고 머리를 잘라 내장을 제거한다. 몸통은 4~5cm로 토막내고 머리는 아가미를 제거한다. 내장도 먹는 부분을 고른다.

02 마늘과 생강은 곱게 다진다.

03 무와 두부는 2.5cm×3.5cm×0.8cm로 썰고, 애호박은 0.5cm 두께의 반달 모양으로 썬다.

04 풋고추와 홍고추는 통으로 어슷썰어 씨를 털어내고, 실파는 4cm 길이로 썬다.

05 쑥갓은 손질하여 4cm로 썬다.

끓이기

06 냄비에 물을 넣고 고추장과 소금을 넣어 끓이다가 무를 넣는다.

07 무가 반쯤 익으면 생선을 넣고, 고춧가루를 넣어 끓어오르면 호박, 두부, 풋고추, 홍고추, 생강, 마늘 순서로 넣고 끓이면서 소금으로 간을 맞춘다.

완성하기

08 거품을 걷어내면서 끓이다가 생선 맛이 우러나면 실파, 쑥갓을 넣고 불을 끄고 잠시 기다렸다가 그릇에 조심스럽게 떠 담는다. (머리를 포함하여 전량 제출한다)

참고사항

01 생선은 먹는 부분과 버리는 부분을 잘 골라서 깨끗이 씻는다.

02 냄비의 물이 끓으면 단단한 채소부터 넣은 후 생선을 넣어야 생선살이 부서지지 않는다.

03 고추장의 양이 많아지면 국물이 텁텁해지므로 고춧가루와 소금 적절히 사용한다.

생선찌개

전·적조리

08 생선전

시험시간

25분

생선전은 주로 흰살생선을 많이 이용하는데, 많이 쓰이는 생선으로는 광어, 대구, 동태, 가자미 등이 있다. 다른 이름으로 전유어, 전유화, 전, 저냐가 있다.

08 생선전

요구사항

※ 주어진 재료를 사용하여 다음과 같이 [생선전]을 만드시오.
가. 생선은 세장뜨기하여 껍질을 벗겨 포를 뜨시오.
나. 생선전은 0.5cm×5cm×4cm로 만드시오.
다. 달걀은 흰자, 노른자를 혼합하여 사용하시오.
라. 생선전은 8개 제출하시오.

수험자 유의사항 공통

1) 만드는 순서에 유의하며, 위생과 숙련된 기능평가를 위하여 조리작업 시 맛을 보지 않습니다.
2) 지정된 수험자지참준비물 이외의 조리기구나 재료를 시험장 내에 지참할 수 없습니다.
3) 지급재료는 시험 전 확인하여 이상이 있을 경우 시험위원으로부터 조치를 받고 시험 중에는 재료의 교환 및 추가지급은 하지 않습니다.
4) 요구사항 및 지급재료의 규격은 "정도"의 의미를 포함하며, 재료의 크기에 따라 가감하여 채점됩니다.
5) 위생복, 위생모, 앞치마, 마스크를 착용하여야 하며, 시험장비 · 조리기구 취급 등 안전에 유의합니다.
6) 다음 사항은 실격에 해당하여 채점 대상에서 제외됩니다.
   가) 수험자 본인이 시험 도중 시험에 대한 포기 의사를 표현하는 경우
   나) 위생복, 위생모, 앞치마, 마스크를 착용하지 않은 경우
   다) 시험시간 내에 과제 두 가지를 제출하지 못한 경우
   라) 문제의 요구사항대로 과제의 수량이 만들어지지 않은 경우
   마) 완성품을 요구사항의 과제(요리)가 아닌 다른 요리(예, 달걀말이 → 달걀찜)로 만든 경우
   바) 불을 사용하여 만든 조리작품이 작품특성에 벗어나는 정도로 타거나 익지 않은 경우
   사) 해당과제의 지급재료 이외 재료를 사용하거나, 요구사항의 조리기구(석쇠 등)로 완성품을 조리하지 않은 경우
   아) 지정된 수험자지참준비물 이외의 조리기술에 영향을 줄 수 있는 기구를 사용한 경우
   자) 가스레인지 화구 2개 이상(2개 포함) 사용한 경우
   차) 시험 중 시설 · 장비(칼, 가스레인지 등) 사용 시 시험위원 및 타수험자의 시험 진행에 위해를 일으킬 것으로 시험위원 전원이 합의하여 판단한 경우
   카) 요구사항에 표시된 실격 및 부정행위에 해당하는 경우
7) 항목별 배점은 위생상태 및 안전관리 5점, 조리기술 30점, 작품의 평가 15점입니다.
8) 시험시작 전 가벼운 몸 풀기(스트레칭) 동작으로 긴장을 풀고 시험을 시작합니다.

지급재료목록

- 동태(400g) ······ 1마리
- 밀가루(중력분) ······ 30g
- 달걀 ······ 1개
- 소금(정제염) ······ 10g
- 흰후춧가루 ······ 2g
- 식용유 ······ 50ml

만드는 법

포뜬 생선 껍질 벗기기

재료 손질하기

01 동태는 비늘을 벗기고 지느러미, 내장을 제거한 후 물로 깨끗이 씻고 물기를 닦아 세장 뜨기를 한다.

02 생선의 껍질 쪽을 밑으로 가도록 하여 꼬리 쪽에 칼을 넣어 생선 살을 조금 떠서 껍질을 왼손에 잡고 칼을 서서히 좌, 우로 흔들어 가며 앞으로 밀면서 껍질을 벗겨낸다.

03 생선살은 껍질쪽을 도마에 놓고 꼬리쪽부터 가로 5.5cm, 세로 4.5cm, 두께 0.4cm 크기로, 어슷하게 포를 떠서 소금, 흰 후춧가루를 뿌려 밑간을 한다.

생선 어슷하게 포뜨기

완성하기

04 생선의 물기를 닦고 밀가루를 고루 묻히고 여분의 밀가루는 털어낸 후 달걀물을 입혀 기름 두른 팬에서 노릇하게 지져낸다. (이때 뼈쪽에 붙어있던 살면이 팬에 먼저 지져지게 하여 접시에 담을 때는 이 부분이 위로 올라오게 담는다)

팬에 지지기

참고사항

01 생선은 비늘을 긁고 내장, 지느러미를 제거한 후 물로 충분히 깨끗이 씻어준다.

02 생선의 껍질을 벗길 때 생선을 잡은 왼손이 미끄러질 때는 소금을 손에 조금 묻혀 생선을 잡으면 미끄러지지 않고 껍질을 벗길 수 있다.

03 포를 뜬 후 일정하게 크기와 두께를 맞춰준다.

04 포뜬 생선에 소금, 흰 후춧가루를 뿌리고 나서, 물기를 제거한 후 밀가루를 묻혀야 밀가루 옷이 벗겨지지 않는다.

05 달걀은 흰자를 조금 줄여 사용하며 육원전과 같은 방법으로 달걀을 잘 풀어서 체에 걸러 사용하면 전의 빛이 곱다.

생선전

전·
적조리

09 육원전

시험시간

20분

소고기 또는 돼지고기를 곱게 다져서 으깬 두부와 섞어 둥글게 빚어서 지진 전이다. 고기와 두부에 있는 수분을 제거한 후 갖은 양념을 넣어 충분히 치대주어야 모양 빚기가 좋다.

09

육원전

요구사항

주어진 재료를 사용하여 다음과 같이 [육원전]을 만드시오.
가. 육원전은 직경이 4cm, 두께 0.7cm 정도가 되도록 하시오.
나. 달걀은 흰자, 노른자를 혼합하여 사용하시오.
다. 육원전 6개를 제출하시오.

수험자 유의사항 공통

1) 만드는 순서에 유의하며, 위생과 숙련된 기능평가를 위하여 조리작업 시 맛을 보지 않습니다.
2) 지정된 수험자지참준비물 이외의 조리기구나 재료를 시험장 내에 지참할 수 없습니다.
3) 지급재료는 시험 전 확인하여 이상이 있을 경우 시험위원으로부터 조치를 받고 시험 중에는 재료의 교환 및 추가지급은 하지 않습니다.
4) 요구사항 및 지급재료의 규격은 "정도"의 의미를 포함하며, 재료의 크기에 따라 가감하여 채점됩니다.
5) 위생복, 위생모, 앞치마, 마스크를 착용하여야 하며, 시험장비 · 조리기구 취급 등 안전에 유의합니다.
6) 다음 사항은 실격에 해당하여 채점 대상에서 제외됩니다.
   가) 수험자 본인이 시험 도중 시험에 대한 포기 의사를 표현하는 경우
   나) 위생복, 위생모, 앞치마, 마스크를 착용하지 않은 경우
   다) 시험시간 내에 과제 두 가지를 제출하지 못한 경우
   라) 문제의 요구사항대로 과제의 수량이 만들어지지 않은 경우
   마) 완성품을 요구사항의 과제(요리)가 아닌 다른 요리(예. 달걀말이 → 달걀찜)로 만든 경우
   바) 불을 사용하여 만든 조리작품이 작품특성에 벗어나는 정도로 타거나 익지 않은 경우
   사) 해당과제의 지급재료 이외 재료를 사용하거나, 요구사항의 조리기구(석쇠 등)로 완성품을 조리하지 않은 경우
   아) 지정된 수험자지참준비물 이외의 조리기술에 영향을 줄 수 있는 기구를 사용한 경우
   자) 가스레인지 화구 2개 이상(2개 포함) 사용한 경우
   차) 시험 중 시설 · 장비(칼, 가스레인지 등) 사용 시 시험위원 및 타수험자의 시험 진행에 위해를 일으킬 것으로 시험위원 전원이 합의하여 판단한 경우
   카) 요구사항에 표시된 실격 및 부정행위에 해당하는 경우
7) 항목별 배점은 위생상태 및 안전관리 5점, 조리기술 30점, 작품의 평가 15점입니다.
8) 시험시작 전 가벼운 몸 풀기(스트레칭) 동작으로 긴장을 풀고 시험을 시작합니다.

지급재료목록

- 소고기(살코기) ········ 70g
- 두부 ········ 30g
- 밀가루(중력분) ········ 20g
- 달걀 ········ 1개
- 대파(흰부분, 4cm) ········ 1토막
- 검은 후춧가루 ········ 2g
- 참기름 ········ 5ml
- 소금(정제염) ········ 5g
- 마늘(중, 깐 것) ········ 1쪽
- 식용유 ········ 30ml
- 깨소금 ········ 5g
- 흰설탕 ········ 5g

▣ 소고기 · 두부양념

- 소금 ········ 1/4작은술
- 흰설탕 ········ 1/6작은술
- 다진파 ········ 1작은술
- 다진마늘 ········ 1/2작은술
- 깨소금 ········ 1/2작은술
- 참기름 ········ 1/4작은술
- 검은후춧가루 ········ 적량

만드는 법

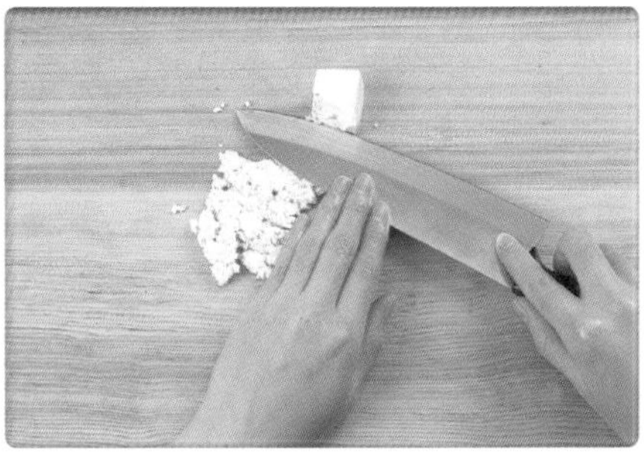
두부 으깨기

재료 손질하기

01 소고기는 기름기를 제거한 후, 살코기만 곱게 다진다.

02 두부는 면보를 이용하여 물기를 꼭 짠 후, 도마에서 칼등으로 곱게 으깨준다.

03 파와 마늘은 곱게 다진다.

04 곱게 다진 소고기와 곱게 으깬 두부를 합한 후 준비한 양념을 넣어 충분히 치대준다.

완자 빚기

완자 빚기

05 충분히 치댄 반죽을 일정한 크기로 나눈 후 직경 4.3cm, 두께 0.5cm 정도로 둥글고 납작하게 빚어 가운데를 약간 눌러 완자를 빚는다.

완성하기

06 모양빚은 완자를 밀가루, 달걀물 순서로 묻혀 팬에 기름을 두르고 속까지 잘 익도록 앞뒤로 지져낸다.

팬에 지지기

참고사항

01 육원전은 팬에서 지지고 난 후 크기는 작아지고, 두께는 더 두꺼워지므로 만들 때 직경은 좀더 크게, 두께는 조금 얇게 빚도록 한다.

02 달걀 사용 시에는 흰자를 조금 줄여 사용하면 전의 색이 달걀 전체를 사용한 것보다 노랗게 나와 예쁘며 달걀을 잘 풀어서 체에 밭쳐 전을 부치면 그 빛이 또한 곱다.

03 전은 약한 불에서 은근히 익히도록 하며 색이 너무 진하게 나지 않도록 한다. 또한 기름이 많거나, 불의 온도가 높을 경우 전의 모양이 예쁘지 않다.

04 완성된 전은 뜨거운 상태로 겹쳐두게 되면 달걀옷이 벗겨지므로 주의한다.

육원전

전 · 적조리

10 표고전

시험시간 20분

건표고버섯을 불려서 고기를 소로 채운 뒤 전을 부친 것으로, 표고는 되도록 작고 도톰하며 갓이 피지 않은 것이 적당하고, 표고전 용도로는 생표고보다 마른 표고를 불려서 만드는 것이 더 맛있다. 마른 표고에는 비타민 D가 풍부하게 들어 있다.

10 표고전

요구사항

※ 주어진 재료를 사용하여 다음과 같이 [표고전]을 만드시오.
가. 표고버섯과 속은 각각 양념하여 사용하시오.
나. 표고전은 5개를 제출하시오.

수험자 유의사항 공통

1) 만드는 순서에 유의하며, 위생과 숙련된 기능평가를 위하여 조리작업 시 맛을 보지 않습니다.
2) 지정된 수험자지참준비물 이외의 조리기구나 재료를 시험장 내에 지참할 수 없습니다.
3) 지급재료는 시험 전 확인하여 이상이 있을 경우 시험위원으로부터 조치를 받고 시험 중에는 재료의 교환 및 추가지급은 하지 않습니다.
4) 요구사항 및 지급재료의 규격은 "정도"의 의미를 포함하며, 재료의 크기에 따라 가감하여 채점됩니다.
5) 위생복, 위생모, 앞치마, 마스크를 착용하여야 하며, 시험장비 · 조리기구 취급 등 안전에 유의합니다.
6) 다음 사항은 실격에 해당하여 채점 대상에서 제외됩니다.
   가) 수험자 본인이 시험 도중 시험에 대한 포기 의사를 표현하는 경우
   나) 위생복, 위생모, 앞치마, 마스크를 착용하지 않은 경우
   다) 시험시간 내에 과제 두 가지를 제출하지 못한 경우
   라) 문제의 요구사항대로 과제의 수량이 만들어지지 않은 경우
   마) 완성품을 요구사항의 과제(요리)가 아닌 다른 요리(예, 달걀말이 → 달걀찜)로 만든 경우
   바) 불을 사용하여 만든 조리작품이 작품특성에 벗어나는 정도로 타거나 익지 않은 경우
   사) 해당과제의 지급재료 이외 재료를 사용하거나, 요구사항의 조리기구(석쇠 등)로 완성품을 조리하지 않은 경우
   아) 지정된 수험자지참준비물 이외의 조리기술에 영향을 줄 수 있는 기구를 사용한 경우
   자) 가스레인지 화구 2개 이상(2개 포함) 사용한 경우
   차) 시험 중 시설 · 장비(칼, 가스레인지 등) 사용 시 시험위원 및 타수험자의 시험 진행에 위해를 일으킬 것으로 시험위원 전원이 합의하여 판단한 경우
   카) 요구사항에 표시된 실격 및 부정행위에 해당하는 경우
7) 항목별 배점은 위생상태 및 안전관리 5점, 조리기술 30점, 작품의 평가 15점입니다.
8) 시험시작 전 가벼운 몸 풀기(스트레칭) 동작으로 긴장을 풀고 시험을 시작합니다.

지급재료목록

- 건표고버섯(지름 2.5~4cm, 부서지지 않은 것을 불려서 지급) ······ 5개
- 소고기(살코기) ······ 30g
- 두부 ······ 15g
- 밀가루(중력분) ······ 20g
- 달걀 ······ 1개
- 대파(흰부분, 4cm) ······ 1토막
- 검은후춧가루 ······ 1g
- 참기름 ······ 5ml
- 소금(정제염) ······ 5g
- 깨소금 ······ 5g
- 마늘(중, 깐 것) ······ 1쪽
- 식용유 ······ 20ml
- 진간장 ······ 5ml
- 흰설탕 ······ 5g

▣ 소고기 · 두부양념

- 소금 ······ 1/8작은술
- 흰설탕 ······ 1/8작은술
- 다진파 ······ 1/2작은술
- 다진마늘 ······ 1/4작은술
- 깨소금 ······ 1/4작은술
- 참기름 ······ 1/8작은술
- 검은후춧가루 ······ 적량

▣ 표고버섯양념

- 진간장 ······ 1/6작은술
- 흰설탕 ······ 1/8작은술
- 참기름 ······ 1/8작은술

만드는 법

표고버섯 양념하기

표고버섯에 소 넣기

팬에 지지기

재료 손질하기

01 표고버섯은 기둥을 뗀 후, 물기를 꼭 짜고 간장, 설탕, 참기름으로 양념한다.

02 소고기는 힘줄과 기름을 제거하고 곱게 다지고, 두부는 물기를 꼭 짜서 칼등으로 으깬 후 갖은 양념하여 끈기가 나도록 치대어 소를 만든다.

표고버섯 소 넣기

03 표고버섯 안쪽에 밀가루를 뿌리고 속을 꼭꼭 채워 편편하게 만든다.

팬에 지지기

04 소가 들어간 쪽에 밀가루를 묻히고 달걀 푼 것에 담갔다가(이때 소 넣은 쪽만) 팬에 기름을 두르고 은근한 불로 지진 후, 뒤집어 살짝 윗면을 지져낸다.

완성하기

05 완성한 5개의 전을 접시에 담아낸다.

참고사항

01 표고버섯은 물기를 꼭 짜서 양념해야 전을 부칠 때 물기가 생기지 않는다.

02 생표고버섯 사용 시는 끓는 물에 데쳐서 사용해야 부서지지 않는다.

03 표고버섯 표면이 깨끗하게 부쳐지도록 달걀물을 입힐 때 표고버섯에는 달걀물이 묻지 않도록 주의한다.

표고전

전·적조리

11 섭산적

시험시간

30분

소고기를 곱게 다진 후 으깬 두부와 함께 양념하여 충분히 치댄 후 넓적하게 반대기를 지어 석쇠에 구운 산적의 일종이다.

섭산적을 싱겁게 간한 후 간장, 설탕, 물을 넣어 조린 것을 장산적이라고 한다.

요구사항

※ 주어진 재료를 사용하여 다음과 같이 [섭산적]을 만드시오.
가. 고기와 두부의 비율을 3 : 1 정도로 하시오.
나. 다져서 양념한 소고기는 크게 반대기를 지어 석쇠에 구우시오.
다. 완성된 섭산적은 0.7cm×2cm×2cm로 9개 이상 제출하시오.
라. 잣가루를 고명으로 얹으시오.

수험자 유의사항 공통

1) 만드는 순서에 유의하며, 위생과 숙련된 기능평가를 위하여 조리작업 시 맛을 보지 않습니다.
2) 지정된 수험자지참준비물 이외의 조리기구나 재료를 시험장 내에 지참할 수 없습니다.
3) 지급재료는 시험 전 확인하여 이상이 있을 경우 시험위원으로부터 조치를 받고 시험 중에는 재료의 교환 및 추가지급은 하지 않습니다.
4) 요구사항 및 지급재료의 규격은 "정도"의 의미를 포함하며, 재료의 크기에 따라 가감하여 채점됩니다.
5) 위생복, 위생모, 앞치마, 마스크를 착용하여야 하며, 시험장비 · 조리기구 취급 등 안전에 유의합니다.
6) 다음 사항은 실격에 해당하여 채점 대상에서 제외됩니다.
   가) 수험자 본인이 시험 도중 시험에 대한 포기 의사를 표현하는 경우
   나) 위생복, 위생모, 앞치마, 마스크를 착용하지 않은 경우
   다) 시험시간 내에 과제 두 가지를 제출하지 못한 경우
   라) 문제의 요구사항대로 과제의 수량이 만들어지지 않은 경우
   마) 완성품을 요구사항의 과제(요리)가 아닌 다른 요리(예, 달걀말이 → 달걀찜)로 만든 경우
   바) 불을 사용하여 만든 조리작품이 작품특성에 벗어나는 정도로 타거나 익지 않은 경우
   사) 해당과제의 지급재료 이외 재료를 사용하거나, 요구사항의 조리기구(석쇠 등)로 완성품을 조리하지 않은 경우
   아) 지정된 수험자지참준비물 이외의 조리기술에 영향을 줄 수 있는 기구를 사용한 경우
   자) 가스레인지 화구 2개 이상(2개 포함) 사용한 경우
   차) 시험 중 시설 · 장비(칼, 가스레인지 등) 사용 시 시험위원 및 타수험자의 시험 진행에 위해를 일으킬 것으로 시험위원 전원이 합의하여 판단한 경우
   카) 요구사항에 표시된 실격 및 부정행위에 해당하는 경우
7) 항목별 배점은 위생상태 및 안전관리 5점, 조리기술 30점, 작품의 평가 15점입니다.
8) 시험시작 전 가벼운 몸 풀기(스트레칭) 동작으로 긴장을 풀고 시험을 시작합니다.

지급재료목록

- 소고기(살코기) ······ 80g
- 두부 ······ 30g
- 대파(흰부분, 4cm) ······ 1토막
- 마늘(중, 깐 것) ······ 1쪽
- 소금(정제염) ······ 5g
- 흰설탕 ······ 10g
- 깨소금 ······ 5g
- 참기름 ······ 5ml
- 검은후춧가루 ······ 2g
- 잣(깐 것) ······ 10개
- 식용유 ······ 30ml

▣ 소고기 · 두부양념

- 소금 ······ 1/4작은술
- 흰설탕 ······ 1/6작은술
- 다진파 ······ 1작은술
- 다진마늘 ······ 1/2작은술
- 깨소금 ······ 1/2작은술
- 참기름 ······ 1/4작은술
- 검은후춧가루 ······ 적량

만드는 법

고기 다지기

재료 손질하기

01 소고기는 기름기를 제거한 후 곱게 다지고 두부는 면보에 짠 후 곱게 으깨어 고기와 두부의 비율이 3 : 1이 되게 고루 섞는다.

02 소고기와 두부 섞은 것에 소금, 설탕, 다진파, 다진마늘, 깨소금, 참기름, 후춧가루를 넣고 고루 양념하여 끈기가 나도록 충분히 치대준다.

모양 빚기

모양 만들기

03 도마에 기름을 조금 바른 후 양념한 고깃덩어리를 놓고 두께가 0.6cm, 가로×세로는 8cm×8cm가 되도록 네모지게 반대기를 짓고 가로, 세로로 잔 칼집을 곱게 넣는다.

잣가루 내기

04 잣은 고깔을 뗀 후 종이 위에 올려 놓고 칼로 곱게 다져준다.

석쇠에 굽기

석쇠에 굽기

05 석쇠에 기름을 바르고 달군 다음 고기를 타지 않게 굽는다.

완성하기

06 구운 섭산적을 식힌 후 2cm×2cm 크기로 썰어 접시에 담고, 잣가루를 고명으로 얹어낸다.

참고사항

01 소고기와 두부는 입자가 없이 곱게 다지고, 으깨어 끈기가 나도록 많이 치대어야 표면이 울퉁불퉁하지 않고 매끄러우며 부서지지 않는다.

02 고기가 익으면 두께는 두꺼워지고 길이는 줄어듦으로 요구사항보다 두께는 조금 얇게, 가로와 세로는 조금 길게 모양을 잡는다.

03 석쇠를 미리 달군 후 식혀 기름을 발라 구워야 달라붙지 않는다.

04 한 면을 완전히 익을 때까지 구운 뒤 뒷면을 구워야 부서지거나 갈라지지 않는다.

05 구워낸 섭산적은 완전히 식힌 후 썰어야 모양이 부서지지 않는다.

06 '섭(攝)'이란 두드린다는 뜻이다.

07 섭산적을 간장과 설탕, 물을 넣고 조린 것을 장산적이라 한다.

섭산적

전·적조리

12 화양적

시험시간 35분

화양적은 소고기와 도라지, 당근, 오이, 표고버섯 등의 채소를 익혀 색을 맞추어 꼬치에 꿰어 만든 적이다. 화양적은 꽃모양처럼 아름다운 적이라는 의미이며, 교자상에 올리면 상차림을 화려하게 해주고, 음식의 웃기용으로 쓰인다.

12 화양적

요구사항

※ 주어진 재료를 사용하여 다음과 같이 [화양적]을 만드시오.
가. 화양적은 0.6cm×6cm×6cm로 만드시오.
나. 달걀 노른자로 지단을 만들어 사용하시오. (단, 달걀 흰자 지단을 사용하는 경우 실격으로 처리)
다. 화양적은 2꼬치를 만들고 잣가루를 고명으로 얹으시오.

수험자 유의사항 공통

1) 만드는 순서에 유의하며, 위생과 숙련된 기능평가를 위하여 조리작업 시 맛을 보지 않습니다.
2) 지정된 수험자지참준비물 이외의 조리기구나 재료를 시험장 내에 지참할 수 없습니다.
3) 지급재료는 시험 전 확인하여 이상이 있을 경우 시험위원으로부터 조치를 받고 시험 중에는 재료의 교환 및 추가지급은 하지 않습니다.
4) 요구사항 및 지급재료의 규격은 "정도"의 의미를 포함하며, 재료의 크기에 따라 가감하여 채점됩니다.
5) 위생복, 위생모, 앞치마, 마스크를 착용하여야 하며, 시험장비 · 조리기구 취급 등 안전에 유의합니다.
6) 다음 사항은 실격에 해당하여 채점 대상에서 제외됩니다.
   가) 수험자 본인이 시험 도중 시험에 대한 포기 의사를 표현하는 경우
   나) 위생복, 위생모, 앞치마, 마스크를 착용하지 않은 경우
   다) 시험시간 내에 과제 두 가지를 제출하지 못한 경우
   라) 문제의 요구사항대로 과제의 수량이 만들어지지 않은 경우
   마) 완성품을 요구사항의 과제(요리)가 아닌 다른 요리(예, 달걀말이 → 달걀찜)로 만든 경우
   바) 불을 사용하여 만든 조리작품이 작품특성에 벗어나는 정도로 타거나 익지 않은 경우
   사) 해당과제의 지급재료 이외 재료를 사용하거나, 요구사항의 조리기구(석쇠 등)로 완성품을 조리하지 않은 경우
   아) 지정된 수험자지참준비물 이외의 조리기술에 영향을 줄 수 있는 기구를 사용한 경우
   자) 가스레인지 화구 2개 이상(2개 포함) 사용한 경우
   차) 시험 중 시설 · 장비(칼, 가스레인지 등) 사용 시 시험위원 및 타수험자의 시험 진행에 위해를 일으킬 것으로 시험위원 전원이 합의하여 판단한 경우
   카) 요구사항에 표시된 실격 및 부정행위에 해당하는 경우
7) 항목별 배점은 위생상태 및 안전관리 5점, 조리기술 30점, 작품의 평가 15점입니다.
8) 시험시작 전 가벼운 몸 풀기(스트레칭) 동작으로 긴장을 풀고 시험을 시작합니다.

지급재료목록

- 소고기(살코기, 길이 7cm) ··· 50g
- 건표고버섯(지름 5cm, 물에 불린 것, 부서지지 않은 것) ··· 1개
- 당근(곧은 것, 길이 7cm) ··· 50g
- 오이(가늘고 곧은 것, 길이 20cm) · 1/2개
- 통도라지(껍질 있는 것, 길이 20cm) · 1개
- 달걀 ··· 2개
- 잣(깐 것) ··· 10개
- 산적꼬치(길이 8~9cm) ··· 2개
- 진간장 ··· 5ml
- 대파(흰부분, 4cm) ··· 1토막
- 마늘(중, 깐 것) ··· 1쪽
- 소금(정제염) ··· 5g
- 흰설탕 ··· 5g
- 깨소금 ··· 5g
- 참기름 ··· 5ml
- 검은후춧가루 ··· 2g
- 식용유 ··· 30ml

▣ 소고기 양념장

- 진간장 ··· 1/2작은술
- 흰설탕 ··· 1/4작은술
- 다진파 ··· 1/3작은술
- 다진마늘 ··· 1/6작은술
- 깨소금 ··· 1/4작은술
- 참기름 ··· 1/8작은술
- 검은 후춧가루 ··· 적량

만드는 법

재료 다듬기

재료 손질하기

01 소고기는 결의 반대로 두께 0.5cm, 폭 1cm, 길이 7cm로 썰어 앞뒤로 자근자근 두드려 양념장에 무친다.

02 도라지는 같은 크기로 썰어 소금으로 주물러 쓴맛을 빼고 당근은 두께 0.6cm, 폭 1cm, 길이 6cm가 되게 썰어 소금물에 데쳐 물기를 제거한다.

03 오이는 6cm 길이로 썰어 세 갈래로 잘라 씨부분을 제거한 후 같은 크기로 썰어 소금에 절인 다음 수분을 제거시켜 둔다.

04 표고버섯은 기둥을 떼내고 물기를 꼭 짠 후 같은 크기로 썰어 소금, 참기름으로 양념한다.

05 달걀 노른자는 소금을 넣어 푼 후 체에 걸러 준비한다.

재료 볶기

팬에서 볶기

06 달걀 노른자로 황색지단을 만들어 폭 1cm, 두께 0.6cm, 길이 6cm가 되도록 준비한다.

07 당근은 기름에 볶으면서 소금간, 도라지는 참기름으로 볶으면서 소금간, 오이는 참기름에 볶기, 표고버섯은 기름에 볶는다.

08 양념에 재운 소고기는 팬에 지져서 1cm×6cm 길이로 썬다.

꼬치에 끼우기

꼬치에 꿰기

09 산적꼬치에 재료를 색맞추어 끼우고 꼬치 양쪽이 1cm 정도 남도록 정리한다.

10 잣은 종이를 깔고 곱게 다진다.

완성하기

11 그릇에 완성된 화양적을 담고 잣가루를 뿌려낸다.

참고사항

01 각 재료들은 크기와 두께를 일정하게 하고, 재료의 색이 선명하도록 지져낸다.

02 소고기는 줄어드는 것을 감안하여 다른 재료보다 길게 준비한다.

03 팬에서 재료를 볶아낼 때는 밝은 색에서 어두운 색 순서로 볶아야 깨끗하다.

04 달걀 흰자 지단을 사용하는 경우 실격 처리된다.

05 산적꼬치는 지참 준비물의 꼬치와 혼용하여 사용해도 채점에 반영하지 않는다.

화양적

전·
적조리

13 지짐누름적

시험시간

35분

소고기와 도라지, 표고, 당근 등의 야채를 익혀 실파와 함께 색을 맞추어 꼬치에 꿴 다음 밀가루와 달걀 푼 것을 입혀 팬에서 지져내는 고급 요리이다.

지짐누름적의 의미는 눌러가며 지져 낸다는 뜻이며 완성한 뒤에는 칼로 정리하지 않고, 꼬치를 빼서 담아 낸다.

요구사항

※ 주어진 재료를 사용하여 다음과 같이 [지짐누름적]을 만드시오.
가. 각 재료는 0.6cm×1cm×6cm로 하시오.
나. 누름적의 수량은 2개를 제출하고, 꼬치는 빼서 제출하시오.

수험자 유의사항 공통

1) 만드는 순서에 유의하며, 위생과 숙련된 기능평가를 위하여 조리작업 시 맛을 보지 않습니다.
2) 지정된 수험자지참준비물 이외의 조리기구나 재료를 시험장 내에 지참할 수 없습니다.
3) 지급재료는 시험 전 확인하여 이상이 있을 경우 시험위원으로부터 조치를 받고 시험 중에는 재료의 교환 및 추가지급은 하지 않습니다.
4) 요구사항 및 지급재료의 규격은 "정도"의 의미를 포함하며, 재료의 크기에 따라 가감하여 채점됩니다.
5) 위생복, 위생모, 앞치마, 마스크를 착용하여야 하며, 시험장비 · 조리기구 취급 등 안전에 유의합니다.
6) 다음 사항은 실격에 해당하여 채점 대상에서 제외됩니다.
   가) 수험자 본인이 시험 도중 시험에 대한 포기 의사를 표현하는 경우
   나) 위생복, 위생모, 앞치마, 마스크를 착용하지 않은 경우
   다) 시험시간 내에 과제 두 가지를 제출하지 못한 경우
   라) 문제의 요구사항대로 과제의 수량이 만들어지지 않은 경우
   마) 완성품을 요구사항의 과제(요리)가 아닌 다른 요리(예, 달걀말이 → 달걀찜)로 만든 경우
   바) 불을 사용하여 만든 조리작품이 작품특성에 벗어나는 정도로 타거나 익지 않은 경우
   사) 해당과제의 지급재료 이외 재료를 사용하거나, 요구사항의 조리기구(석쇠 등)로 완성품을 조리하지 않은 경우
   아) 지정된 수험자지참준비물 이외의 조리기술에 영향을 줄 수 있는 기구를 사용한 경우
   자) 가스레인지 화구 2개 이상(2개 포함) 사용한 경우
   차) 시험 중 시설 · 장비(칼, 가스레인지 등) 사용 시 시험위원 및 타수험자의 시험 진행에 위해를 일으킬 것으로 시험위원 전원이 합의하여 판단한 경우
   카) 요구사항에 표시된 실격 및 부정행위에 해당하는 경우
7) 항목별 배점은 위생상태 및 안전관리 5점, 조리기술 30점, 작품의 평가 15점입니다.
8) 시험시작 전 가벼운 몸 풀기(스트레칭) 동작으로 긴장을 풀고 시험을 시작합니다.

지급재료목록

- 소고기(살코기, 길이 7cm) ············ 50g
- 건표고버섯(지름 5cm, 물에 불린 것, 부서지지 않은 것) ············ 1개
- 당근(길이 7cm, 곧은 것) ············ 50g
- 쪽파(중) ············ 2뿌리
- 통도라지(껍질 있는 것, 길이 20cm) · 1개
- 밀가루(중력분) ············ 20g
- 달걀 ············ 1개
- 참기름 ············ 5ml
- 산적꼬치(길이 8~9cm) ············ 2개
- 식용유 ············ 30ml
- 소금(정제염) ············ 5g
- 진간장 ············ 10ml
- 흰설탕 ············ 5g
- 대파(흰부분, 4cm) ············ 1토막
- 마늘(중, 깐 것) ············ 1쪽
- 검은후춧가루 ············ 2g
- 깨소금 ············ 5g

▣ 소고기 양념장

- 진간장 ············ 1/2작은술
- 흰설탕 ············ 1/4작은술
- 다진파 ············ 1/3작은술
- 다진마늘 ············ 1/6작은술
- 깨소금 ············ 1/4작은술
- 참기름 ············ 1/8작은술
- 검은 후춧가루 ············ 적량

만드는 법

도라지, 당근 데치기

재료 손질하기

01 소고기는 결의 반대로 두께 0.5cm, 폭 1cm, 길이 7cm로 썰어 앞뒤로 자근자근 두드려 양념장으로 무치고 표고버섯은 기둥을 떼내고 물기를 꼭 짠 후 썰어 소금, 참기름으로 양념한다.

02 당근은 두께 0.6cm, 폭 1cm, 길이 6cm로 썰고 도라지는 같은 크기로 썰어 소금으로 주물러 쓴맛을 뺀 후 끓는 물에 소금을 넣고 데친다.

03 쪽파는 6cm 길이로 잘라 소금, 참기름에 무쳐 놓는다.

04 산적꼬치를 8cm 정도로 다듬어 놓는다.

누름적 지지기

팬에서 볶아내기

05 당근은 기름에 볶으면서 소금간, 도라지는 참기름으로 볶으면서 소금간, 표고버섯과 소고기는 기름에 볶는다.

꼬치에 꿰기

06 준비한 재료를 산적 꼬치에 색을 맞추어 끼운 후 위와 아래를 다듬어 준다.

꼬치 빼기

지지기

07 다듬은 꼬치는 밀가루를 묻힌 후 고루 털어내고 달걀 푼 것을 앞뒤로 씌워 팬에 기름을 두르고 지져낸다.

완성하기

08 식으면 산적꼬치를 빼낸 후 접시에 담아낸다.

참고사항

01 각 재료들의 크기와 두께를 일정하게 한다.

02 소고기는 익으면 두께는 두꺼워지고 길이는 짧아지므로 감안하여 준비한다.

03 완성한 후 꼬치를 빼낼 때는 식혀서, 꼬치를 돌려가면서 빼내야 모양이 흐트러지지 않는다.

04 밀가루를 너무 많이 묻히면 채소나 버섯의 색이 선명하게 보이지 않고 맛도 덜하므로 가볍게 밀가루를 묻히고 두 손으로 톡톡톡 치면서 밀가루를 털어 낸 후 체에 내린 달걀을 입혀 지진다.

지짐누름적

전·
적조리

14 풋고추전

시험시간

25분

대표적인 채소전으로, 싱싱한 풋고추를 반으로 가른 후 씨를 털어내고 소고기와 두부를 으깨 만든 소를 채워 넣어 팬에서 지져낸 요리이다.

요구사항

※ 주어진 재료를 사용하여 다음과 같이 [풋고추전]을 만드시오.
가. 풋고추는 5cm 길이로 소를 넣어 지져 내시오.
나. 풋고추는 잘라 데쳐서 사용하며, 완성된 풋고추전은 8개를 제출하시오.

수험자 유의사항 공통

1) 만드는 순서에 유의하며, 위생과 숙련된 기능평가를 위하여 조리작업 시 맛을 보지 않습니다.
2) 지정된 수험자지참준비물 이외의 조리기구나 재료를 시험장 내에 지참할 수 없습니다.
3) 지급재료는 시험 전 확인하여 이상이 있을 경우 시험위원으로부터 조치를 받고 시험 중에는 재료의 교환 및 추가지급은 하지 않습니다.
4) 요구사항 및 지급재료의 규격은 "정도"의 의미를 포함하며, 재료의 크기에 따라 가감하여 채점됩니다.
5) 위생복, 위생모, 앞치마, 마스크를 착용하여야 하며, 시험장비 · 조리기구 취급 등 안전에 유의합니다.
6) 다음 사항은 실격에 해당하여 채점 대상에서 제외됩니다.
   가) 수험자 본인이 시험 도중 시험에 대한 포기 의사를 표현하는 경우
   나) 위생복, 위생모, 앞치마, 마스크를 착용하지 않은 경우
   다) 시험시간 내에 과제 두 가지를 제출하지 못한 경우
   라) 문제의 요구사항대로 과제의 수량이 만들어지지 않은 경우
   마) 완성품을 요구사항의 과제(요리)가 아닌 다른 요리(예, 달걀말이 → 달걀찜)로 만든 경우
   바) 불을 사용하여 만든 조리작품이 작품특성에 벗어나는 정도로 타거나 익지 않은 경우
   사) 해당과제의 지급재료 이외 재료를 사용하거나, 요구사항의 조리기구(석쇠 등)로 완성품을 조리하지 않은 경우
   아) 지정된 수험자지참준비물 이외의 조리기술에 영향을 줄 수 있는 기구를 사용한 경우
   자) 가스레인지 화구 2개 이상(2개 포함) 사용한 경우
   차) 시험 중 시설 · 장비(칼, 가스레인지 등) 사용 시 시험위원 및 타수험자의 시험 진행에 위해를 일으킬 것으로 시험위원 전원이 합의하여 판단한 경우
   카) 요구사항에 표시된 실격 및 부정행위에 해당하는 경우
7) 항목별 배점은 위생상태 및 안전관리 5점, 조리기술 30점, 작품의 평가 15점입니다.
8) 시험시작 전 가벼운 몸 풀기(스트레칭) 동작으로 긴장을 풀고 시험을 시작합니다.

지급재료목록

- 풋고추(길이 11cm 이상) ······ 2개
- 소고기(살코기) ······ 30g
- 두부 ······ 15g
- 밀가루(중력분) ······ 15g
- 달걀 ······ 1개
- 대파(흰부분, 4cm) ······ 1토막
- 검은후춧가루 ······ 1g
- 참기름 ······ 5ml
- 소금(정제염) ······ 5g
- 깨소금 ······ 5g
- 마늘(중, 깐 것) ······ 1쪽
- 식용유 ······ 20ml
- 흰설탕 ······ 5g

▣ 소고기 · 두부양념

- 소금 ······ 1/8작은술
- 흰설탕 ······ 1/8작은술
- 다진파 ······ 1/2작은술
- 다진마늘 ······ 1/4작은술
- 깨소금 ······ 1/4작은술
- 참기름 ······ 1/8작은술
- 검은후춧가루 ······ 적량

만드는 법

풋고추 씨 빼기

풋고추 안에 소 넣기

팬에 지지기

재료 손질하기

01 풋고추는 꼭지를 따고 반으로 갈라 씨와 속을 제거하고 5cm 길이로 자른다.

02 끓는 물에 소금을 넣고 풋고추를 파랗게 데쳐내어 찬물에 헹구어 물기를 닦는다.

03 파와 마늘은 곱게 다진다.

04 소고기는 곱게 다지고, 두부는 면보를 이용하여 물기를 꼭 짠 후, 도마에서 칼등으로 곱게 으깨어 소고기와 합하여 양념하여 끈기가 나도록 치대어 소를 만든다.

고추 소 넣기

05 고추 안쪽에 밀가루를 뿌린 후 나머지는 털어내고 속은 편편하게 채운다.

팬에 지지기

06 속을 채워 넣은 쪽에 밀가루를 묻힌 후 나머지는 털어내고 달걀옷을 입혀 팬에 기름을 두르고 고기가 익도록 지지고 한번 정도 뒤집었다 꺼낸다.

완성하기

07 지져낸 풋고추의 끝부분은 일정하지 않으므로 그 부분이 겹쳐 지도록 담아낸다.

참고사항

01 풋고추전을 예쁘게 부치려면 소고기와 두부를 섞을 때, 두부를 완전히 으깬 후 곱게 다진 소고기와 섞어야 표면이 매끄럽다.

02 밀가루와 달걀물을 묻힐 때 고추에는 묻지 않도록 한다.

03 속을 꼭꼭 채워주되 너무 볼록하게 넣지 말고 편편하게 넣어 팬에 살짝 눌러서 지지고 파란 쪽으로 잠시 지졌다가 바로 뒤집어야 색이 곱게 지져진다.

풋고추전

생채 · 회조리

15 무생채

시험시간

15분

무생채는 무를 채 썬 후 고춧가루 물을 먼저 들이고 새콤달콤하게 무쳐내는 요리이다.

요구 사항

※ 주어진 재료를 사용하여 다음과 같이 [무생채]를 만드시오.
가. 무는 0.2cm×0.2cm×6cm로 썰어 사용하시오.
나. 생채는 고춧가루를 사용하시오.
다. 무생채는 70g 이상 제출하시오.

수험자 유의사항 공통

1) 만드는 순서에 유의하며, 위생과 숙련된 기능평가를 위하여 조리작업 시 맛을 보지 않습니다.
2) 지정된 수험자지참준비물 이외의 조리기구나 재료를 시험장 내에 지참할 수 없습니다.
3) 지급재료는 시험 전 확인하여 이상이 있을 경우 시험위원으로부터 조치를 받고 시험 중에는 재료의 교환 및 추가지급은 하지 않습니다.
4) 요구사항 및 지급재료의 규격은 "정도"의 의미를 포함하며, 재료의 크기에 따라 가감하여 채점됩니다.
5) 위생복, 위생모, 앞치마, 마스크를 착용하여야 하며, 시험장비 · 조리기구 취급 등 안전에 유의합니다.
6) 다음 사항은 실격에 해당하여 채점 대상에서 제외됩니다.
   가) 수험자 본인이 시험 도중 시험에 대한 포기 의사를 표현하는 경우
   나) 위생복, 위생모, 앞치마, 마스크를 착용하지 않은 경우
   다) 시험시간 내에 과제 두 가지를 제출하지 못한 경우
   라) 문제의 요구사항대로 과제의 수량이 만들어지지 않은 경우
   마) 완성품을 요구사항의 과제(요리)가 아닌 다른 요리(예, 달걀말이 → 달걀찜)로 만든 경우
   바) 불을 사용하여 만든 조리작품이 작품특성에 벗어나는 정도로 타거나 익지 않은 경우
   사) 해당과제의 지급재료 이외 재료를 사용하거나, 요구사항의 조리기구(석쇠 등)로 완성품을 조리하지 않은 경우
   아) 지정된 수험자지참준비물 이외의 조리기술에 영향을 줄 수 있는 기구를 사용한 경우
   자) 가스레인지 화구 2개 이상(2개 포함) 사용한 경우
   차) 시험 중 시설 · 장비(칼, 가스레인지 등) 사용 시 시험위원 및 타수험자의 시험 진행에 위해를 일으킬 것으로 시험위원 전원이 합의하여 판단한 경우
   카) 요구사항에 표시된 실격 및 부정행위에 해당하는 경우
7) 항목별 배점은 위생상태 및 안전관리 5점, 조리기술 30점, 작품의 평가 15점입니다.
8) 시험시작 전 가벼운 몸 풀기(스트레칭) 동작으로 긴장을 풀고 시험을 시작합니다.

지급재료목록

- 무(길이 7cm) ······ 120g
- 소금(정제염) ······ 5g
- 고춧가루 ······ 10g
- 흰설탕 ······ 10g
- 식초 ······ 5ml
- 대파(흰부분, 4cm) ······ 1토막
- 마늘(중, 깐 것) ······ 1쪽
- 깨소금 ······ 5g
- 생강 ······ 5g

▣ 양념장

- 고춧가루 ······ 1~1.5큰술
- 소금 ······ 1/3~1/2작은술
- 식초 ······ 1작은술
- 흰설탕 ······ 1.5~2작은술
- 다진파 ······ 1작은술
- 다진마늘 ······ 1/2작은술
- 다진생강 ······ 1/6작은술
- 깨소금 ······ 1/2작은술

만드는 법

재료 손질하기

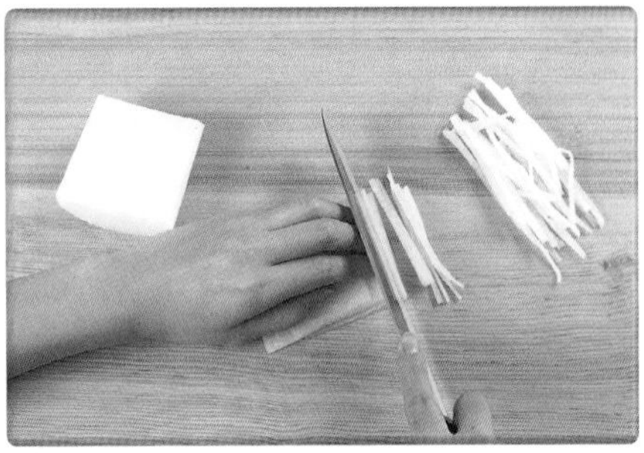
무 채썰기

01 무는 길이 6cm, 두께와 폭은 0.2cm로 일정하게 채썬다.

02 채썬 무에다 먼저 체에다 거른 고운 고춧가루를 넣어 버무려서 빨갛게 물을 들인다.

03 파, 마늘, 생강은 곱게 다지고 식초, 설탕, 소금, 깨소금을 넣어 양념을 만든다.

고춧가루 물들이기

완성하기

04 고운 고춧가루로 물들인 무에 양념을 넣고 빛깔이 알맞게 붉으며 싱싱한 느낌이 나도록 버무린다.

05 접시에 보기 좋게 담아낸다.

양념하여 무치기

참고사항

01 시험장에서는 무의 껍질을 벗기고 사용하지만 무는 속보다 껍질에 비타민 C가 많이 들어 있으므로 생채나 나물 등을 할 때는 껍질을 벗기지 않고 깨끗이 씻은 후 썰어 사용하는 것이 좋다.

02 고춧가루가 거칠 경우 다져서 사용하거나, 체에 내려 사용한다.

03 무의 길이와 두께를 고르게 채썬다.

04 생강을 곱게 다지거나, 강판에 갈아 즙을 짜서 사용해도 좋다.

05 무생채는 고춧가루로 물을 들인 후 양념을 준비해 놓았다가 제출 직전에 버무려 물기가 생기지 않도록 한다.

무생채

생채 · 회조리

16 도라지생채

시험시간

15분

도라지생채는 도라지를 소금에 절여, 주물러 씻어서 쓴맛을 빼고 새콤달콤하게 무쳐 먹는다.
도라지는 볶아서 나물로도 사용하며, 시럽에 조려서 정과로도 많이 사용한다.

요구 사항

※ 주어진 재료를 사용하여 다음과 같이 [도라지생채]를 만드시오.
가. 도라지는 0.3cm×0.3cm×6cm로 써시오.
나. 생채는 고추장과 고춧가루 양념으로 무쳐 제출하시오.

수험자 유의사항 공통

1) 만드는 순서에 유의하며, 위생과 숙련된 기능평가를 위하여 조리작업 시 맛을 보지 않습니다.
2) 지정된 수험자지참준비물 이외의 조리기구나 재료를 시험장 내에 지참할 수 없습니다.
3) 지급재료는 시험 전 확인하여 이상이 있을 경우 시험위원으로부터 조치를 받고 시험 중에는 재료의 교환 및 추가지급은 하지 않습니다.
4) 요구사항 및 지급재료의 규격은 "정도"의 의미를 포함하며, 재료의 크기에 따라 가감하여 채점됩니다.
5) 위생복, 위생모, 앞치마, 마스크를 착용하여야 하며, 시험장비 · 조리기구 취급 등 안전에 유의합니다.
6) 다음 사항은 실격에 해당하여 채점 대상에서 제외됩니다.
   가) 수험자 본인이 시험 도중 시험에 대한 포기 의사를 표현하는 경우
   나) 위생복, 위생모, 앞치마, 마스크를 착용하지 않은 경우
   다) 시험시간 내에 과제 두 가지를 제출하지 못한 경우
   라) 문제의 요구사항대로 과제의 수량이 만들어지지 않은 경우
   마) 완성품을 요구사항의 과제(요리)가 아닌 다른 요리(예, 달걀말이 → 달걀찜)로 만든 경우
   바) 불을 사용하여 만든 조리작품이 작품특성에 벗어나는 정도로 타거나 익지 않은 경우
   사) 해당과제의 지급재료 이외 재료를 사용하거나, 요구사항의 조리기구(석쇠 등)로 완성품을 조리하지 않은 경우
   아) 지정된 수험자지참준비물 이외의 조리기술에 영향을 줄 수 있는 기구를 사용한 경우
   자) 가스레인지 화구 2개 이상(2개 포함) 사용한 경우
   차) 시험 중 시설 · 장비(칼, 가스레인지 등) 사용 시 시험위원 및 타수험자의 시험 진행에 위해를 일으킬 것으로 시험위원 전원이 합의하여 판단한 경우
   카) 요구사항에 표시된 실격 및 부정행위에 해당하는 경우
7) 항목별 배점은 위생상태 및 안전관리 5점, 조리기술 30점, 작품의 평가 15점입니다.
8) 시험시작 전 가벼운 몸 풀기(스트레칭) 동작으로 긴장을 풀고 시험을 시작합니다.

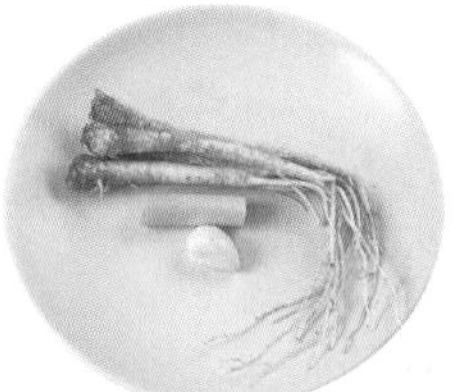

지급재료목록

- 통도라지(껍질 있는 것) ··· 3개
- 소금(정제염) ··· 5g
- 고추장 ··· 20g
- 흰설탕 ··· 10g
- 식초 ··· 15ml
- 대파(흰부분, 4cm) ··· 1토막
- 마늘(중, 깐 것) ··· 1쪽
- 깨소금 ··· 5g
- 고춧가루 ··· 10g

▣ 양념장

- 고추장 ··· 1/2큰술~ 1큰술
- 고춧가루 ··· 1~2작은술
- 소금 ··· 적량
- 식초 ··· 2작은술
- 흰설탕 ··· 2작은술
- 다진파 ··· 2작은술
- 다진마늘 ··· 1작은술
- 깨소금 ··· 1/2작은술

만드는 법

도라지 썰기

도라지 쓴맛 빼기

도라지 양념하기

재료 손질하기

01 통도라지는 깨끗이 씻어 윗부분을 잘라내고 위에서부터 껍질을 돌려가며 벗겨서 길이 6cm, 두께 0.3cm의 편으로 썰고 0.3cm 폭으로 가늘게 썰어 소금물에 절여 담근다.

02 절인 도라지는 주물러 씻어서 쓴맛을 없애고 면보에 싸서 물기를 꼭 짠다.

03 파, 마늘은 곱게 다져 고추장, 고춧가루, 소금, 설탕, 식초, 깨소금과 한데 섞어 양념장을 만든다.

완성하기

04 도라지생채는 내기 직전에 양념장을 조금씩 넣어가며 색이 배이게 고루 무쳐낸다.

참고사항

01 도라지는 껍질을 벗기고, 편으로 썬 후 규격에 맞게 썬다.

02 도라지 쪼갠 것은 소금물에 절여 담갔다가 주물러 씻어 쓴맛을 없애고 면보에 옮겨 물기를 꼭 짜서 무쳐야 물이 덜 생긴다.

03 고춧가루는 고운 고춧가루를 사용한다.

04 생채는 재료를 준비한 후 내기 직전에 무쳐낸다.

도라지생채

생채 · 회조리

17 더덕생채

시험시간 20분

더덕을 두들겨 가늘게 갈라서 식초, 설탕, 고춧가루를 넣어 만든 생채이다. 때로는 고춧가루를 전혀 넣지 않고, 흰색으로 무쳐서 두 가지 색의 생채를 한 그릇에 어울려 담아도 좋다.

요구사항

※ 주어진 재료를 사용하여 다음과 같이 [더덕생채]를 만드시오.
가. 더덕은 5cm로 썰어 두들겨 편 후 찢어서 쓴맛을 제거하여 사용하시오.
나. 고춧가루로 양념하고, 전량 제출하시오.

17

더덕생채

수험자 유의사항 공통

1) 만드는 순서에 유의하며, 위생과 숙련된 기능평가를 위하여 조리작업 시 맛을 보지 않습니다.
2) 지정된 수험자지참준비물 이외의 조리기구나 재료를 시험장 내에 지참할 수 없습니다.
3) 지급재료는 시험 전 확인하여 이상이 있을 경우 시험위원으로부터 조치를 받고 시험 중에는 재료의 교환 및 추가지급은 하지 않습니다.
4) 요구사항 및 지급재료의 규격은 "정도"의 의미를 포함하며, 재료의 크기에 따라 가감하여 채점됩니다.
5) 위생복, 위생모, 앞치마, 마스크를 착용하여야 하며, 시험장비 · 조리기구 취급 등 안전에 유의합니다.
6) 다음 사항은 실격에 해당하여 채점 대상에서 제외됩니다.
   가) 수험자 본인이 시험 도중 시험에 대한 포기 의사를 표현하는 경우
   나) 위생복, 위생모, 앞치마, 마스크를 착용하지 않은 경우
   다) 시험시간 내에 과제 두 가지를 제출하지 못한 경우
   라) 문제의 요구사항대로 과제의 수량이 만들어지지 않은 경우
   마) 완성품을 요구사항의 과제(요리)가 아닌 다른 요리(예, 달걀말이 → 달걀찜)로 만든 경우
   바) 불을 사용하여 만든 조리작품이 작품특성에 벗어나는 정도로 타거나 익지 않은 경우
   사) 해당과제의 지급재료 이외 재료를 사용하거나, 요구사항의 조리기구(석쇠 등)로 완성품을 조리하지 않은 경우
   아) 지정된 수험자지참준비물 이외의 조리기술에 영향을 줄 수 있는 기구를 사용한 경우
   자) 가스레인지 화구 2개 이상(2개 포함) 사용한 경우
   차) 시험 중 시설 · 장비(칼, 가스레인지 등) 사용 시 시험위원 및 타수험자의 시험 진행에 위해를 일으킬 것으로 시험위원 전원이 합의하여 판단한 경우
   카) 요구사항에 표시된 실격 및 부정행위에 해당하는 경우
7) 항목별 배점은 위생상태 및 안전관리 5점, 조리기술 30점, 작품의 평가 15점입니다.
8) 시험시작 전 가벼운 몸 풀기(스트레칭) 동작으로 긴장을 풀고 시험을 시작합니다.

지급재료목록

- 통더덕(껍질 있는 것, 길이 10~15cm) 2개
- 마늘(중, 깐 것) ··· 1쪽
- 흰설탕 ··· 5g
- 식초 ··· 5ml
- 대파(흰부분, 4cm) ··· 1토막
- 소금(정제염) ··· 5g
- 깨소금 ··· 5g
- 고춧가루 ··· 20g

▣ 양념장

- 고춧가루 ··· 1/2~1큰술
- 소금 ··· 적량
- 식초 ··· 1작은술
- 흰설탕 ··· 1작은술
- 다진파 ··· 2작은술
- 다진마늘 ··· 1작은술
- 깨소금 ··· 1/2작은술

만드는 법

재료 손질하기

01 통더덕은 깨끗이 씻어 윗부분을 잘라내고 위에서부터 껍질을 돌려가며 벗겨서 길이 5cm, 두께 0.3cm로 편썰기하여 소금물에 담가 쓴맛을 우려낸다.

02 쓴맛이 빠진 더덕은 물기를 닦고, 밀대로 밀어 가늘고 길게 찢는다.

03 파, 마늘은 곱게 다져 고춧가루, 식초, 설탕, 깨소금, 소금을 섞어 양념장을 만든다.

무치기

04 가늘고 길게 찢은 더덕에 양념장을 넣어 고루 무친다.

완성하기

05 접시에 담아낼 때는 부풀려서 담아낸다.

더덕 껍질 벗기기

더덕 밀대로 밀어펴기

더덕 곱게 찢기

참고사항

01 더덕은 껍질을 벗기고 반으로 갈라 소금물에 담가 쓴맛을 우려낸 다음 물기를 없애고 밀대로 결대로 밀어서 찢어야 더덕이 부서지지 않는다.

02 고춧가루는 고운 것을 사용하며, 거칠 경우 체에 내려 사용한다.

03 더덕 생채를 무칠 때는 꼭꼭 주물러 양념이 잘 배도록 하고 담아낼 때는 부풀려 담아낸다.

04 생채는 재료를 준비한 후 내기 직전에 무쳐낸다.

더덕생채

생채 · 회조리

18 겨자채

시험시간

35분

신선한 채소와 배, 편육 등을 겨자즙으로 무친 생채로 육류 음식에 어울린다.
겨자의 매콤한 맛은 여름철에 식욕을 돋우어준다.

요구사항

※ 주어진 재료를 사용하여 다음과 같이 [겨자채]를 만드시오.

가. 채소, 편육, 황 · 백지단, 배는 0.3cm×1cm×4cm로 써시오.

나. 밤은 모양대로 납작하게 써시오.

다. 겨자는 발효시켜 매운맛이 나도록 하여 간을 맞춘 후 재료들을 무쳐서 담고, 통잣을 고명으로 얹으시오.

수험자 유의사항 공통

1) 만드는 순서에 유의하며, 위생과 숙련된 기능평가를 위하여 조리작업 시 맛을 보지 않습니다.
2) 지정된 수험자지참준비물 이외의 조리기구나 재료를 시험장 내에 지참할 수 없습니다.
3) 지급재료는 시험 전 확인하여 이상이 있을 경우 시험위원으로부터 조치를 받고 시험 중에는 재료의 교환 및 추가지급은 하지 않습니다.
4) 요구사항 및 지급재료의 규격은 "정도"의 의미를 포함하며, 재료의 크기에 따라 가감하여 채점됩니다.
5) 위생복, 위생모, 앞치마, 마스크를 착용하여야 하며, 시험장비 · 조리기구 취급 등 안전에 유의합니다.
6) 다음 사항은 실격에 해당하여 채점 대상에서 제외됩니다.
   가) 수험자 본인이 시험 도중 시험에 대한 포기 의사를 표현하는 경우
   나) 위생복, 위생모, 앞치마, 마스크를 착용하지 않은 경우
   다) 시험시간 내에 과제 두 가지를 제출하지 못한 경우
   라) 문제의 요구사항대로 과제의 수량이 만들어지지 않은 경우
   마) 완성품을 요구사항의 과제(요리)가 아닌 다른 요리(예, 달걀말이 → 달걀찜)로 만든 경우
   바) 불을 사용하여 만든 조리작품이 작품특성에 벗어나는 정도로 타거나 익지 않은 경우
   사) 해당과제의 지급재료 이외 재료를 사용하거나, 요구사항의 조리기구(석쇠 등)로 완성품을 조리하지 않은 경우
   아) 지정된 수험자지참준비물 이외의 조리기술에 영향을 줄 수 있는 기구를 사용한 경우
   자) 가스레인지 화구 2개 이상(2개 포함) 사용한 경우
   차) 시험 중 시설 · 장비(칼, 가스레인지 등) 사용 시 시험위원 및 타수험자의 시험 진행에 위해를 일으킬 것으로 시험위원 전원이 합의하여 판단한 경우
   카) 요구사항에 표시된 실격 및 부정행위에 해당하는 경우
7) 항목별 배점은 위생상태 및 안전관리 5점, 조리기술 30점, 작품의 평가 15점입니다.
8) 시험시작 전 가벼운 몸 풀기(스트레칭) 동작으로 긴장을 풀고 시험을 시작합니다.

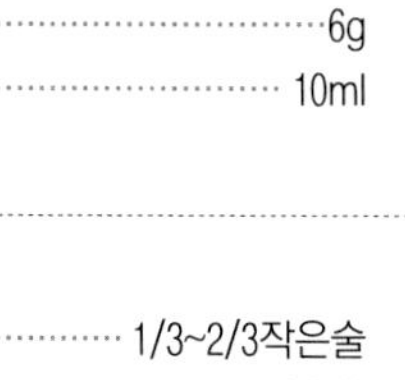

지급재료목록

- 양배추(길이 5cm) ········ 50g
- 오이(가늘고 곧은 것, 길이 20cm) · 1/3개
- 당근(곧은 것, 길이 7cm) ········ 50g
- 소고기(살코기, 길이 5cm) ········ 50g
- 밤(중, 생 것, 껍질 깐 것) ········ 2개
- 달걀 ········ 1개
- 배(중, 길이로 등분, 50g정도 지급) 1/8개
- 흰설탕 ········ 20g
- 잣(깐 것) ········ 5개
- 소금(정제염) ········ 5g
- 식초 ········ 10ml
- 진간장 ········ 5ml
- 겨자가루 ········ 6g
- 식용유 ········ 10ml

▣ 겨자즙

- 겨자(발효시킨 것) ········ 2/3큰술
- 식초 ········ 2작은술
- 흰설탕 ········ 1큰술
- 진간장 ········ 1/3작은술
- 소금 ········ 1/3~2/3작은술
- 물 ········ 1~2작은술

만드는 법

소고기 편육 삶기

겨자즙 만들기

무치기

재료 손질하기

01 소고기는 덩어리째로 끓는물에 삶아서 면보로 모양을 잡아주고 무거운 것으로 잠시 눌렀다가 폭 1cm, 두께 0.3cm, 길이 4cm로 썬다.

02 겨자는 따뜻한 물로 되직하게 갠 후 편육용 냄비뚜껑 위에 엎어서 10여 분 두어 발효시켜 매운 맛이 나도록 한 후 식초, 설탕, 소금, 간장, 물을 넣고 잘 푼 후 체에 내려 겨자즙을 만든다.

03 채소(양배추, 오이, 당근)는 폭 1cm, 두께 0.3cm, 길이 4cm의 골패형으로 썰어 찬물에 담가 싱싱하게 한 후, 체에 건져낸다. (단, 양배추는 지급된 재료의 두께로 한다)

04 밤은 껍질을 벗겨 0.3cm 두께로 납작하게 썬다.

05 배는 껍질을 벗겨 속을 제거한 후 채소와 같은 크기로 썰어 설탕물에 담근다.

06 달걀은 황 · 백을 나눠 고명용 지단보다 조금 도톰하게 부쳐 채소와 같은 크기로 썬다.

07 잣은 고깔을 떼어 준비한다.

완성하기

08 준비한 채소의 물기를 닦고 편육과 섞어 겨자즙을 뿌려 버무리고 그릇에 담아 고명으로 황 · 백지단과 통잣을 올린다.

참고사항

01 소고기를 편육으로 사용할 때는 우선 핏물을 제거한 후에 끓는 물에 향미 채소를 넣고 고기를 넣어 함께 삶아낸다.

02 양배추는 줄기를 저며내고 썬다.

03 고기는 삶아낸 후 뜨거울 때 모양을 잡아주고 식으면 썬다.

04 채소가 싱싱해야 맛이 있으므로 찬물에 담가 아삭아삭하게 해준다.

05 채소에 물기가 많으면 겨자즙이 묻지 않으므로 물기를 제거한 후에 소스와 버무려 준다.

06 겨자는 40℃의 따뜻한 물에 갠 후 발효시켜야 매콤한 맛이 빨리 난다.

07 겨자가루 6g은 1큰술 정도이다.

겨자채

생채 · 회조리

19 육회

시험시간

20분

소고기의 연하고 기름기가 없는 부위인 우둔살이나 대접살을 얇게 저며서 결 반대로 가늘게 채로 썰어 양념한다. 육회감은 반드시 신선한 고기여야 하며 생고기를 먹는 것이므로 마늘과 설탕, 참기름을 넉넉히 사용해서 맛과 고소함을 더해 준다. 회는 생선이나 해산물, 육류 등을 날것으로 먹는 생회와 살짝 데쳐서 초고추장에 찍어먹는 숙회가 있다.

19
육회

요구사항

※ 주어진 재료를 사용하여 다음과 같이 [육회]를 만드시오.

가. 소고기는 0.3cm×0.3cm×6cm로 썰어 소금 양념으로 하시오.

나. 배는 0.3cm×0.3cm×5cm로 변색되지 않게 하여 가장자리에 돌려 담으시오.

다. 마늘은 편으로 썰어 장식하고 잣가루를 고명으로 얹으시오.

라. 70g 이상의 완성된 육회를 제출하시오.

수험자 유의사항 공통

1) 만드는 순서에 유의하며, 위생과 숙련된 기능평가를 위하여 조리작업 시 맛을 보지 않습니다.
2) 지정된 수험자지참준비물 이외의 조리기구나 재료를 시험장 내에 지참할 수 없습니다.
3) 지급재료는 시험 전 확인하여 이상이 있을 경우 시험위원으로부터 조치를 받고 시험 중에는 재료의 교환 및 추가지급은 하지 않습니다.
4) 요구사항 및 지급재료의 규격은 "정도"의 의미를 포함하며, 재료의 크기에 따라 가감하여 채점됩니다.
5) 위생복, 위생모, 앞치마, 마스크를 착용하여야 하며, 시험장비 · 조리기구 취급 등 안전에 유의합니다.
6) 다음 사항은 실격에 해당하여 채점 대상에서 제외됩니다.
   가) 수험자 본인이 시험 도중 시험에 대한 포기 의사를 표현하는 경우
   나) 위생복, 위생모, 앞치마, 마스크를 착용하지 않은 경우
   다) 시험시간 내에 과제 두 가지를 제출하지 못한 경우
   라) 분제의 요구사항대로 과제의 수량이 만들어지지 않은 경우
   마) 완성품을 요구사항의 과제(요리)가 아닌 다른 요리(예, 달걀말이 → 달걀찜)로 만든 경우
   바) 불을 사용하여 만든 조리작품이 작품특성에 벗어나는 정도로 타거나 익지 않은 경우
   사) 해당과제의 지급재료 이외 재료를 사용하거나, 요구사항의 조리기구(석쇠 등)로 완성품을 조리하지 않은 경우
   아) 지정된 수험자지참준비물 이외의 조리기술에 영향을 줄 수 있는 기구를 사용한 경우
   자) 가스레인지 화구 2개 이상(2개 포함) 사용한 경우
   차) 시험 중 시설 · 장비(칼, 가스레인지 등) 사용 시 시험위원 및 타수험자의 시험 진행에 위해를 일으킬 것으로 시험위원 전원이 합의하여 판단한 경우
   카) 요구사항에 표시된 실격 및 부정행위에 해당하는 경우
7) 항목별 배점은 위생상태 및 안전관리 5점, 조리기술 30점, 작품의 평가 15점입니다.
8) 시험시작 전 가벼운 몸 풀기(스트레칭) 동작으로 긴장을 풀고 시험을 시작합니다.

지급재료목록

- 소고기(살코기) ········ 90g
- 배(중, 100g) ········ 1/4개
- 잣(깐 것) ········ 5개
- 소금(정제염) ········ 5g
- 마늘(중, 깐 것) ········ 3쪽
- 대파(흰부분, 4cm) ········ 2토막
- 검은후춧가루 ········ 2g
- 참기름 ········ 10ml
- 흰설탕 ········ 30g
- 깨소금 ········ 5g

▣ 설탕물
- 물 ········ 1/4컵
- 흰설탕 ········ 2작은술

▣ 소고기양념
- 소금 ········ 1/3작은술
- 흰설탕 ········ 2/3큰술
- 다진파 ········ 2작은술
- 다진마늘 ········ 1작은술
- 깨소금 ········ 1작은술
- 참기름 ········ 2작은술
- 검은 후춧가루 ········ 적량

만드는 법

배 썰기

재료 손질하기

01 소고기는 기름기가 없는 신선한 살코기로 얇게 저며 결반대 방향으로 0.3cm×0.3cm로 가늘게 채썬다.

02 마늘의 일부는 편으로 얇게 썰고, 나머지는 파와 함께 곱게 다져 소금에 넣어 양념장을 만든다.

03 배는 껍질을 벗긴 후 0.3cm×0.3cm×5cm 길이로 고르게 채썰어 설탕물에 담근다.

04 잣은 고깔을 떼고 종이 위에 올려 곱게 다진다.

고기 썰기

양념하기

05 소고기에 준비한 양념장을 넣어 무쳐준다.

완성하기

06 접시 가장자리에 물기 뺀 배 채를 가지런히 돌려 담고 가운데 양념한 고기를 소복이 담는다.

07 편으로 썬 마늘을 고기에 기대어 돌려담고 육회 위에 잣가루를 뿌린다.

배 돌려 담기

참고사항

01 육회의 소고기는 우둔살 부위의 기름기가 없는 것으로, 부드럽게 먹기 위해 결 반대 방향으로 채썬다.

02 육회용 고기는 무치기 전에 핏물을 제거해 준다.

03 배는 갈변방지를 위해 설탕물에 담갔다가 사용한다.

04 고기는 핏물을 닦고 설탕, 참기름을 넉넉히 사용해야 색이 곱고 맛이 고소하다.

육회

생채 · 회조리

20 미나리강회

시험시간 35분

연한 미나리를 데쳐서 편육과 지단, 홍고추를 한데 묶어 만든 숙회로 초고추장을 곁들여 낸다.
강회란 다른 재료들과 어울려 말아 감는 것을 뜻하며 미나리 대신 실파를 이용하여 파강회를 만들 수 있다.

요구사항

※ 주어진 재료를 사용하여 다음과 같이 [미나리강회]를 만드시오.
가. 강회의 폭은 1.5cm, 길이는 5cm 정도로 하시오.
나. 붉은고추의 폭은 0.5cm, 길이는 4cm 정도로 하시오.
다. 달걀은 황 · 백지단으로 사용하시오.
라. 강회는 8개 만들어 초고추장과 함께 제출하시오.

수험자 유의사항 공통

1) 만드는 순서에 유의하며, 위생과 숙련된 기능평가를 위하여 조리작업 시 맛을 보지 않습니다.
2) 지정된 수험자지참준비물 이외의 조리기구나 재료를 시험장 내에 지참할 수 없습니다.
3) 지급재료는 시험 전 확인하여 이상이 있을 경우 시험위원으로부터 조치를 받고 시험 중에는 재료의 교환 및 추가지급은 하지 않습니다.
4) 요구사항 및 지급재료의 규격은 "정도"의 의미를 포함하며, 재료의 크기에 따라 가감하여 채점됩니다.
5) 위생복, 위생모, 앞치마, 마스크를 착용하여야 하며, 시험장비 · 조리기구 취급 등 안전에 유의합니다.
6) 다음 사항은 실격에 해당하여 채점 대상에서 제외됩니다.
   가) 수험자 본인이 시험 도중 시험에 대한 포기 의사를 표현하는 경우
   나) 위생복, 위생모, 앞치마, 마스크를 착용하지 않은 경우
   다) 시험시간 내에 과제 두 가지를 제출하지 못한 경우
   라) 문제의 요구사항대로 과제의 수량이 만들어지지 않은 경우
   마) 완성품을 요구사항의 과제(요리)가 아닌 다른 요리(예, 달걀말이 → 달걀찜)로 만든 경우
   바) 불을 사용하여 만든 조리작품이 작품특성에 벗어나는 정도로 타거나 익지 않은 경우
   사) 해당과제의 지급재료 이외 재료를 사용하거나, 요구사항의 조리기구(석쇠 등)로 완성품을 조리하지 않은 경우
   아) 지정된 수험자지참준비물 이외의 조리기술에 영향을 줄 수 있는 기구를 사용한 경우
   자) 가스레인지 화구 2개 이상(2개 포함) 사용한 경우
   차) 시험 중 시설 · 장비(칼, 가스레인지 등) 사용 시 시험위원 및 타수험자의 시험 진행에 위해를 일으킬 것으로 시험위원 전원이 합의하여 판단한 경우
   카) 요구사항에 표시된 실격 및 부정행위에 해당하는 경우
7) 항목별 배점은 위생상태 및 안전관리 5점, 조리기술 30점, 작품의 평가 15점입니다.
8) 시험시작 전 가벼운 몸 풀기(스트레칭) 동작으로 긴장을 풀고 시험을 시작합니다.

지급재료목록

- 소고기(살코기, 길이 7cm) ······ 80g
- 미나리(줄기 부분) ······ 30g
- 홍고추(생) ······ 1개
- 달걀 ······ 2개
- 고추장 ······ 15g
- 식초 ······ 5ml
- 흰설탕 ······ 5g
- 소금(정제염) ······ 5g
- 식용유 ······ 10ml

▣ 초고추장

- 고추장 ······ 1큰술
- 식초 ······ 1작은술
- 흰설탕 ······ 1작은술
- 물 ······ 1작은술

만드는 법

편육 썰기

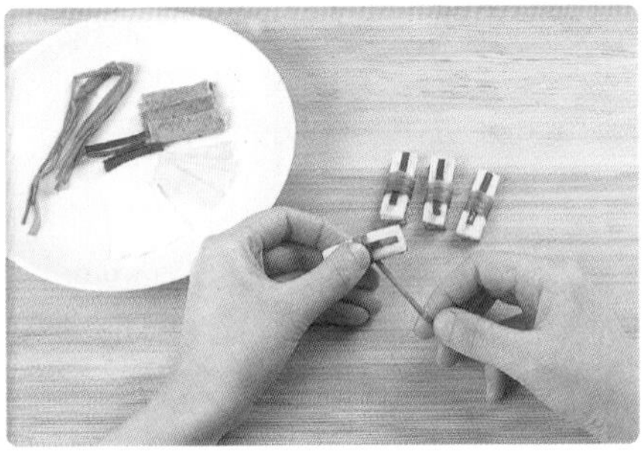

강회 말기

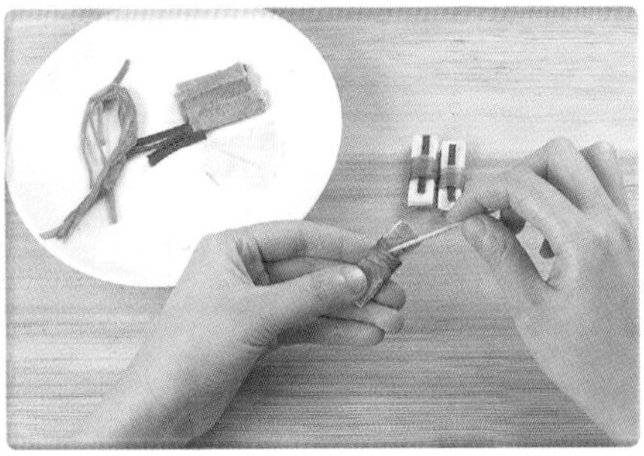

끝마무리 짓기

재료 손질하기

01 소고기는 핏물을 제거한 후 끓는 물에 삶아 눌러 식혀서 폭 1.5cm, 두께 0.3cm, 길이 5cm로 썬다.

02 미나리는 줄기만 다듬어 끓는 물에 소금을 넣고 데쳐서 찬물에 헹궈 물기를 꼭 짠다.

03 달걀은 황 · 백으로 지단을 도톰하게 부친 후 식으면 편육과 같은 크기로 썬다.

04 홍고추는 반으로 갈라 씨를 빼고 폭 0.5cm, 길이 4cm로 썬다.

초고추장 만들기

05 고추장에 식초, 설탕, 물을 넣고 고루 잘 섞는다.

말아주기

06 편육, 백지단, 황지단, 홍고추 순으로 가지런히 얹고 미나리로 중간을 돌려 말아준다. (전체 길이의 1/3 정도 감는다)

07 초고추장을 곁들여 낸다.

참고사항

01 미나리는 줄기가 너무 두꺼우면 데쳐서 반으로 갈라 사용한다.

02 지단은 0.3cm 두께가 되도록 다른 고명으로 사용할 때보다 도톰하게 부쳐낸다.

03 미나리는 전체 길이의 1/3을 차지하도록 말아준다.

04 편육은 삶아서 식힌 후 썰어야 부서지지 않는다.

05 재료를 포개어서 미나리로 감을 때 시작과 끝 부분은 편육 뒤쪽에서 하며, 꼬치를 이용하여 끝을 마무리한다.

미나리강회

조림 · 초조리

21 두부조림

시험시간

25분

두부를 적당한 크기로 자른 후 소금을 약하게 뿌려 놓았다가 물기를 제거하고 팬에 기름을 두르고 앞뒤로 노릇노릇하게 지져낸 후 간장 양념에 조려 고명을 올린 조림이다.

두부의 장점은 소화율이 대두 식품 중에서 가장 높다는 점, 염가의 단백질 급원이라는 점을 들 수 있다.

요구사항

※ 주어진 재료를 사용하여 다음과 같이 [두부조림]을 만드시오.
가. 두부는 0.8cm×3cm×4.5cm로 잘라 지져서 사용하시오.
나. 8쪽을 제출하고, 촉촉하게 보이도록 국물을 약간 끼얹어 내시오.
다. 실고추와 파채를 고명으로 얹으시오.

수험자 유의사항 공통

1) 만드는 순서에 유의하며, 위생과 숙련된 기능평가를 위하여 조리작업 시 맛을 보지 않습니다.
2) 지정된 수험자지참준비물 이외의 조리기구나 재료를 시험장 내에 지참할 수 없습니다.
3) 지급재료는 시험 전 확인하여 이상이 있을 경우 시험위원으로부터 조치를 받고 시험 중에는 재료의 교환 및 추가지급은 하지 않습니다.
4) 요구사항 및 지급재료의 규격은 "정도"의 의미를 포함하며, 재료의 크기에 따라 가감하여 채점됩니다.
5) 위생복, 위생모, 앞치마, 마스크를 착용하여야 하며, 시험장비 · 조리기구 취급 등 안전에 유의합니다.
6) 다음 사항은 실격에 해당하여 채점 대상에서 제외됩니다.
   가) 수험자 본인이 시험 도중 시험에 대한 포기 의사를 표현하는 경우
   나) 위생복, 위생모, 앞치마, 마스크를 착용하지 않은 경우
   다) 시험시간 내에 과제 두 가지를 제출하지 못한 경우
   라) 문제의 요구사항대로 과제의 수량이 만들어지지 않은 경우
   마) 완성품을 요구사항의 과제(요리)가 아닌 다른 요리(예, 달걀말이 → 달걀찜)로 만든 경우
   바) 불을 사용하여 만든 조리작품이 작품특성에 벗어나는 정도로 타거나 익지 않은 경우
   사) 해당과제의 지급재료 이외 재료를 사용하거나, 요구사항의 조리기구(석쇠 등)로 완성품을 조리하지 않은 경우
   아) 지정된 수험자지참준비물 이외의 조리기술에 영향을 줄 수 있는 기구를 사용한 경우
   자) 가스레인지 화구 2개 이상(2개 포함) 사용한 경우
   차) 시험 중 시설 · 장비(칼, 가스레인지 등) 사용 시 시험위원 및 타수험자의 시험 진행에 위해를 일으킬 것으로 시험위원 전원이 합의하여 판단한 경우
   카) 요구사항에 표시된 실격 및 부정행위에 해당하는 경우
7) 항목별 배점은 위생상태 및 안전관리 5점, 조리기술 30점, 작품의 평가 15점입니다.
8) 시험시작 전 가벼운 몸 풀기(스트레칭) 동작으로 긴장을 풀고 시험을 시작합니다.

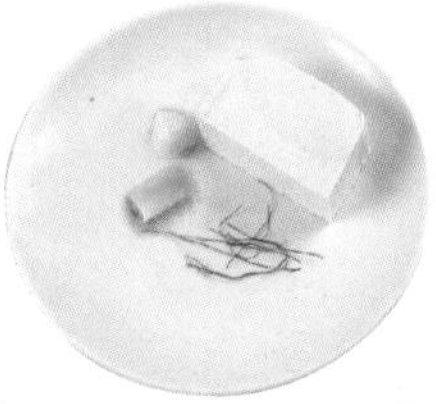

지급재료목록

- 두부 ········ 200g
- 대파(흰부분, 4cm) ········ 1토막
- 실고추 ········ 1g
- 검은후춧가루 ········ 1g
- 참기름 ········ 5ml
- 소금(정제염) ········ 5g
- 마늘(중, 깐 것) ········ 1쪽
- 식용유 ········ 30ml
- 진간장 ········ 15ml
- 깨소금 ········ 5g
- 흰설탕 ········ 5g

▣ 조림장

- 진간장 ········ 1큰술
- 흰설탕 ········ 1작은술
- 다진파 ········ 2작은술
- 다진마늘 ········ 1작은술
- 깨소금 ········ 1작은술
- 참기름 ········ 1작은술
- 검은 후춧가루 ········ 적량
- 물 ········ 1/4컵

만드는 법

밑간하기

팬에 지지기

조림하기

재료 손질하기

01 두부는 가로 3cm, 세로 4.5cm, 두께 0.8cm의 직사각형 모양으로 일정하게 썰은 후 소금을 뿌린다.

02 대파의 1/2은 1.5cm 길이로 채썰고, 나머지는 다져 양념장에 쓴다.

03 실고추는 1.5cm 길이로 끊어 놓는다.

양념장 만들기

04 간장에 설탕, 다진파, 다진마늘, 깨소금, 참기름, 후춧가루를 넣어 섞어 놓는다.

두부 지지기

05 두부의 물기를 제거한 후 팬에 기름을 두르고 뜨거워지면 두부를 앞, 뒤로 노릇노릇하게 지져낸다.

두부 조림하기

06 냄비에 두부를 넣고 양념장을 끼얹고 물을 조금 부어 천천히 조린다. (중간중간에 양념장을 골고루 끼얹어 가며 조린다)

07 두부가 어느 정도 조려지면 파채, 실고추를 올린 후 잠시 뚜껑을 덮었다가 담아낸다.

완성하기

08 완성된 두부를 살짝씩 겹쳐서 담고 조림에 남은 국물을 촉촉하게 끼얹어 낸다.

참고사항

01 두부는 부서지지 않도록 하며, 팬에서 지져낼 때 앞뒤를 노릇노릇하게 지져내야만 조림했을 때 색이 고르다.

02 조림할 때 뚜껑을 열고 국물을 자주 끼얹어 가며 서서히 조리면 두부가 윤기가 나고 간이 고루 배어 맛이 좋다.

03 두부조림을 담아낼 때 촉촉하게 국물을 끼얹어 낸다.

두부조림

조림 · 초조리

22 홍합초

시험시간

20분

홍합에는 생홍합과 말린 홍합이 있는데 홍합초를 만들 때 생홍합은 손질한 후 살짝 데쳐서 사용하고, 말린 홍합은 충분히 물에 불리거나 쪄서 사용한다. 양념은 간장을 주로 이용하고 여기에 설탕, 참기름, 후춧가루를 넣어 윤기나게 조려낸다. 초(炒)란 윤기나게 조린다는 의미로 대체로 조림보다 간을 약하고 달게 하며, 말린 해삼, 전복, 조갯살, 꼴뚜기, 오징어 등을 이용한다.

요구사항

※ 주어진 재료를 사용하여 다음과 같이 [홍합초]를 만드시오.
가. 마늘과 생강은 편으로, 파는 2cm로 써시오.
나. 홍합은 데쳐서 전량 사용하고, 촉촉하게 보이도록 국물을 끼얹어 제출하시오.
다. 잣가루를 고명으로 얹으시오.

수험자 유의사항 공통

1) 만드는 순서에 유의하며, 위생과 숙련된 기능평가를 위하여 조리작업 시 맛을 보지 않습니다.
2) 지정된 수험자지참준비물 이외의 조리기구나 재료를 시험장 내에 지참할 수 없습니다.
3) 지급재료는 시험 전 확인하여 이상이 있을 경우 시험위원으로부터 조치를 받고 시험 중에는 재료의 교환 및 추가지급은 하지 않습니다.
4) 요구사항 및 지급재료의 규격은 "정도"의 의미를 포함하며, 재료의 크기에 따라 가감하여 채점됩니다.
5) 위생복, 위생모, 앞치마, 마스크를 착용하여야 하며, 시험장비 · 조리기구 취급 등 안전에 유의합니다.
6) 다음 사항은 실격에 해당하여 채점 대상에서 제외됩니다.
   가) 수험자 본인이 시험 도중 시험에 대한 포기 의사를 표현하는 경우
   나) 위생복, 위생모, 앞치마, 마스크를 착용하지 않은 경우
   다) 시험시간 내에 과제 두 가지를 제출하지 못한 경우
   라) 문제의 요구사항대로 과제의 수량이 만들어지지 않은 경우
   마) 완성품을 요구사항의 과제(요리)가 아닌 다른 요리(예, 달걀말이 → 달걀찜)로 만든 경우
   바) 불을 사용하여 만든 조리작품이 작품특성에 벗어나는 정도로 타거나 익지 않은 경우
   사) 해당과제의 지급재료 이외 재료를 사용하거나, 요구사항의 조리기구(석쇠 등)로 완성품을 조리하지 않은 경우
   아) 지정된 수험자지참준비물 이외의 조리기술에 영향을 줄 수 있는 기구를 사용한 경우
   자) 가스레인지 화구 2개 이상(2개 포함) 사용한 경우
   차) 시험 중 시설 · 장비(칼, 가스레인지 등) 사용 시 시험위원 및 타수험자의 시험 진행에 위해를 일으킬 것으로 시험위원 전원이 합의하여 판단한 경우
   카) 요구사항에 표시된 실격 및 부정행위에 해당하는 경우
7) 항목별 배점은 위생상태 및 안전관리 5점, 조리기술 30점, 작품의 평가 15점입니다.
8) 시험시작 전 가벼운 몸 풀기(스트레칭) 동작으로 긴장을 풀고 시험을 시작합니다.

지급재료목록

- 생홍합(굵고 싱싱한 것, 껍질 벗긴 것으로 지급) ······ 100g
- 대파(흰부분, 4cm) ······ 1토막
- 검은후춧가루 ······ 2g
- 참기름 ······ 5ml
- 마늘(중, 깐 것) ······ 2쪽
- 진간장 ······ 40ml
- 생강 ······ 15g
- 흰설탕 ······ 10g
- 잣(깐 것) ······ 5개

▣ 조림장

- 진간장 ······ 2큰술
- 흰설탕 ······ 2/3큰술
- 참기름 ······ 1작은술
- 검은후춧가루 ······ 적량
- 물 ······ 2/3컵

만드는 법

재료 손질하기

01 생홍합은 깨끗이 씻은 후 잔털을 제거하고, 끓는 물에 살짝 데쳐 낸다.

02 마늘과 생강은 0.2cm 두께로 편으로 썰고, 파는 2cm 길이로 썰어 놓는다.

03 종이 위에 고깔 뗀 잣을 놓고 곱게 다져 잣가루를 만든다.

조리기

04 냄비에 간장, 설탕, 물을 넣고 끓으면 마늘편, 생강편, 데쳐낸 홍합을 넣어 중불에서 국물을 끼얹어가며 은근히 조린다.

05 국물이 어느 정도 졸아들면 파를 넣고 마지막에 후춧가루와 참기름을 넣어 섞는다.

완성하기

06 그릇에 조려진 홍합초를 담고 조린 국물을 약간 끼얹은 후 잣가루를 뿌려낸다.

홍합 다듬기

끓는 물에 데쳐내기

홍합 조리기

참고사항

01 생홍합은 끓는 물에서 살짝만 데쳐낸다.

02 파, 마늘, 생강은 너무 무르지 않도록 한다.

03 홍합이 너무 딱딱해지지 않도록 중불에서 양념장을 끼얹어가며 은근히 조림을 해야 색깔이 곱고, 윤기가 난다.

구이 조리

23 너비아니구이

시험시간

25분

소고기를 얇고 넓적하게 저며서 간장 양념하여 구운 것으로, 중불에서 석쇠에 구웠을 때 가장 맛이 좋다. 모양새를 너붓너붓하게 썰었다고 하여 너비아니라고 불리며, 불고기의 궁중용어이다.

요구사항

※ 주어진 재료를 사용하여 다음과 같이 [너비아니구이]를 만드시오.
가. 완성된 너비아니는 0.5cm×4cm×5cm로 하시오.
나. 석쇠를 사용하여 굽고, 6쪽 제출하시오.
다. 잣가루를 고명으로 얹으시오.

23 너비아니구이

수험자 유의사항 공통

1) 만드는 순서에 유의하며, 위생과 숙련된 기능평가를 위하여 조리작업 시 맛을 보지 않습니다.
2) 지정된 수험자지참준비물 이외의 조리기구나 재료를 시험장 내에 지참할 수 없습니다.
3) 지급재료는 시험 전 확인하여 이상이 있을 경우 시험위원으로부터 조치를 받고 시험 중에는 재료의 교환 및 추가지급은 하지 않습니다.
4) 요구사항 및 지급재료의 규격은 "정도"의 의미를 포함하며, 재료의 크기에 따라 가감하여 채점됩니다.
5) 위생복, 위생모, 앞치마, 마스크를 착용하여야 하며, 시험장비 · 조리기구 취급 등 안전에 유의합니다.
6) 다음 사항은 실격에 해당하여 채점 대상에서 제외됩니다.
   가) 수험자 본인이 시험 도중 시험에 대한 포기 의사를 표현하는 경우
   나) 위생복, 위생모, 앞치마, 마스크를 착용하지 않은 경우
   다) 시험시간 내에 과제 두 가지를 제출하지 못한 경우
   라) 문제의 요구사항대로 과제의 수량이 만들어지지 않은 경우
   마) 완성품을 요구사항의 과제(요리)가 아닌 다른 요리(예, 달걀말이 → 달걀찜)로 만든 경우
   바) 불을 사용하여 만든 조리작품이 작품특성에 벗어나는 정도로 타거나 익지 않은 경우
   사) 해당과제의 지급재료 이외 재료를 사용하거나, 요구사항의 조리기구(석쇠 등)로 완성품을 조리하지 않은 경우
   아) 지정된 수험자지참준비물 이외의 조리기술에 영향을 줄 수 있는 기구를 사용한 경우
   자) 가스레인지 화구 2개 이상(2개 포함) 사용한 경우
   차) 시험 중 시설 · 장비(칼, 가스레인지 등) 사용 시 시험위원 및 타수험자의 시험 진행에 위해를 일으킬 것으로 시험위원 전원이 합의하여 판단한 경우
   카) 요구사항에 표시된 실격 및 부정행위에 해당하는 경우
7) 항목별 배점은 위생상태 및 안전관리 5점, 조리기술 30점, 작품의 평가 15점입니다.
8) 시험시작 전 가벼운 몸 풀기(스트레칭) 동작으로 긴장을 풀고 시험을 시작합니다.

지급재료목록

- 소고기(안심 또는 등심, 덩어리로) · 100g
- 진간장 ···· 50ml
- 대파(흰부분, 4cm) ···· 1토막
- 마늘(중, 깐 것) ···· 2쪽
- 검은후춧가루 ···· 2g
- 흰설탕 ···· 10g
- 깨소금 ···· 5g
- 참기름 ···· 10ml
- 배(50g) ···· 1/8개
- 식용유 ···· 10ml
- 잣(깐 것) ···· 5개

▣ 양념장

- 진간장 ···· 2작은술
- 배즙 ···· 2큰술
- 흰설탕 ···· 1작은술
- 다진파 ···· 2작은술
- 다진마늘 ···· 1작은술
- 깨소금 ···· 1작은술
- 참기름 ···· 1/2작은술
- 검은후춧가루 ···· 적량

만드는 법

소고기 썰기

양념장에 재우기

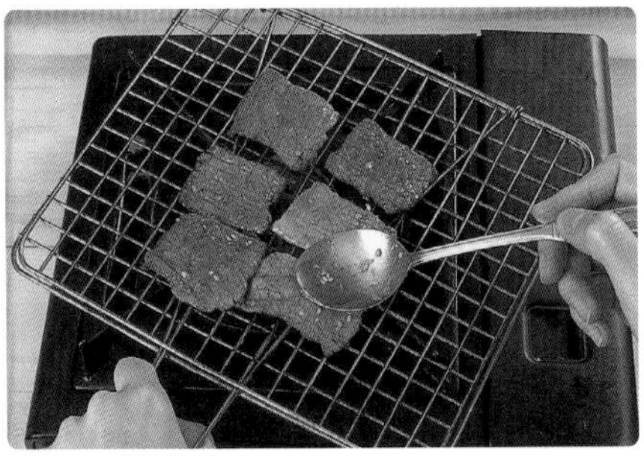
석쇠에 굽기

재료 손질하기

01 소고기는 기름기와 힘줄을 제거한 후 가로 · 세로 5cm×6cm, 두께 0.4cm 정도로 썰어서 칼등으로 자근자근 두들겨 부드럽게 한다.

02 배는 껍질을 벗기고 강판에 갈아서 면보에 꼭 짜서 배즙을 만든다.

양념장 만들기

03 간장에 준비한 배즙과 양념을 넣어 양념장을 만든다.

고기 재워두기

04 양념장에 고기를 한 장씩 담가서 고루 양념을 묻혀 재워둔다.

굽기

05 석쇠를 불에 달궈 기름을 바르고, 양념장에 재워둔 고기를 가지런히 얹어 중불에서 타지 않게 구워낸다.

완성하기

06 접시에 구운 고기를 살짝씩 겹치게 담아내고 잣가루를 뿌려낸다.

참고사항

01 석쇠구이이므로 파, 마늘이 타지 않도록 아주 곱게 다져주는 것이 좋다.

02 소고기를 썰 때는 결 반대로 썰어야 고기가 연하다.

03 냉동된 고기는 핏물을 빼낸 후 양념해서 구워야 빛깔이 좋다.

04 처음엔 센불에서 구워 표면에 막을 형성해 주고, 불을 낮추어 중불에서 양념장을 조금씩 발라가며 구워 주면 타지 않고 윤기나며, 먹음직스럽게 구워낼 수 있다.

05 배즙은 양념장에 섞어서 쓰기도 하고, 고기 자체에 먼저 재워두어도 된다.

너비아니구이

구이
조리

24 제육구이

시험시간

30분

제육구이는 생강즙이 들어간 고추장 양념구이의 대표적인 석쇠구이이다. 생강즙을 넣으면 돼지고기 특유의 냄새가 감소되고, 육질이 부드러우며 석쇠구이이므로 풍미와 맛이 한층 좋아진다. 돼지고기는 자체가 연하므로 약간 도톰하게 썰어주고 조리할 때는 지방이 많으므로 참기름은 덜 넣고 고추장 양념으로 하면 감칠맛이 커진다.

요구
사항

※ 주어진 재료를 사용하여 다음과 같이 [제육구이]를 만드시오.
가. 완성된 제육은 0.4cm×4cm×5cm로 하시오.
나. 고추장 양념하여 석쇠에 구우시오.
다. 제육구이는 전량 제출하시오.

수험자 유의사항 공통

1) 만드는 순서에 유의하며, 위생과 숙련된 기능평가를 위하여 조리작업 시 맛을 보지 않습니다.
2) 지정된 수험자지참준비물 이외의 조리기구나 재료를 시험장 내에 지참할 수 없습니다.
3) 지급재료는 시험 전 확인하여 이상이 있을 경우 시험위원으로부터 조치를 받고 시험 중에는 재료의 교환 및 추가지급은 하지 않습니다.
4) 요구사항 및 지급재료의 규격은 "정도"의 의미를 포함하며, 재료의 크기에 따라 가감하여 채점됩니다.
5) 위생복, 위생모, 앞치마, 마스크를 착용하여야 하며, 시험장비 · 조리기구 취급 등 안전에 유의합니다.
6) 다음 사항은 실격에 해당하여 채점 대상에서 제외됩니다.
   가) 수험자 본인이 시험 도중 시험에 대한 포기 의사를 표현하는 경우
   나) 위생복, 위생모, 앞치마, 마스크를 착용하지 않은 경우
   다) 시험시간 내에 과제 두 가지를 제출하지 못한 경우
   라) 문제의 요구사항대로 과제의 수량이 만들어지지 않은 경우
   마) 완성품을 요구사항의 과제(요리)가 아닌 다른 요리(예, 달걀말이 → 달걀찜)로 만든 경우
   바) 불을 사용하여 만든 조리작품이 작품특성에 벗어나는 정도로 타거나 익지 않은 경우
   사) 해당과제의 지급재료 이외 재료를 사용하거나, 요구사항의 조리기구(석쇠 등)로 완성품을 조리하지 않은 경우
   아) 지정된 수험자지참준비물 이외의 조리기술에 영향을 줄 수 있는 기구를 사용한 경우
   자) 가스레인지 화구 2개 이상(2개 포함) 사용한 경우
   차) 시험 중 시설 · 장비(칼, 가스레인지 등) 사용 시 시험위원 및 타수험자의 시험 진행에 위해를 일으킬 것으로 시험위원 전원이 합의하여 판단한 경우
   카) 요구사항에 표시된 실격 및 부정행위에 해당하는 경우
7) 항목별 배점은 위생상태 및 안전관리 5점, 조리기술 30점, 작품의 평가 15점입니다.
8) 시험시작 전 가벼운 몸 풀기(스트레칭) 동작으로 긴장을 풀고 시험을 시작합니다.

지급재료목록

- 돼지고기(등심 또는 볼깃살) ········ 150g
- 고추장 ········ 40g
- 진간장 ········ 10ml
- 대파(흰부분, 4cm) ········ 1토막
- 마늘(중, 깐 것) ········ 2쪽
- 검은후춧가루 ········ 2g
- 흰설탕 ········ 15g
- 깨소금 ········ 5g
- 참기름 ········ 5ml
- 생강 ········ 10g
- 식용유 ········ 10ml

▣ 양념장

- 고추장 ········ 2큰술
- 흰설탕 ········ 2/3큰술
- 진간장 ········ 1작은술
- 다진파 ········ 2작은술
- 다지마늘 ········ 1작은술
- 다진생강 ········ 1/4작은술
- 깨소금 ········ 1작은술
- 참기름 ········ 1/2작은술
- 검은후춧가루 ········ 적량

만드는 법

돼지고기 칼집넣기

재료 손질하기

01 돼지고기는 가로 · 세로 5cm×6cm, 두께 0.3cm로 썬 후 앞뒤로 잔 칼집을 넣어, 오그라들지 않게 한다.

02 파, 마늘은 다지고 생강은 강판에 갈아 면보에 꼭짠다.

양념장 만들기

03 고추장에 간장, 설탕, 다진파, 다진마늘, 생강즙, 깨소금, 참기름, 후춧가루를 넣고 양념장을 만든다.

고추장 양념 재우기

고기 재워두기

04 손질한 고기에 만들어 놓은 양념장을 고르게 발라 간이 배이도록 한다.

석쇠에 굽기

04 석쇠를 달궈 기름을 발라준 후, 고기를 얹어 타지 않게 앞, 뒤를 충분히 구워낸다.

석쇠에 굽기

완성하기

05 구워준 돼지고기를 살짝씩 겹쳐 담아낸다.

참고사항

01 고추장 양념장을 만들 때 간장이 많이 들어가면 색깔이 검고, 어두워지므로 소량만 넣어준다.

02 고기 자체에 지방질이 많으므로 참기름은 조금만 사용한다.

03 고추장 양념장이 많으면 고기는 익지 않고 양념만 탈 수 있으므로 처음엔 적은 양을 발라 굽고, 조금씩 덧발라가며 구워준다.

04 양념장이 되직하면 술이나, 물 등을 넣어 농도를 조절한다.

제육구이

구이
조리

25 북어구이

시험시간

20분

마른 북어를 물에 불려 부드럽게 한 후 손질하여 초벌구이하고 고추장 양념장을 발라 구워낸 구이이다.
생것은 명태, 말린 것은 북어라고 하며, 다른 생선에 비해 지방함량이 적고 맛이 담백하다.
북어는 간을 보호해주는 메티오닌과 같은 아미노산이 많아, 해장국용으로 많이 애용한다.

25 북어구이

요구사항

※ 주어진 재료를 사용하여 다음과 같이 [북어구이]를 만드시오.

가. 구워진 북어의 길이는 5cm로 하시오.

나. 유장으로 초벌구이하고, 고추장 양념으로 석쇠에 구우시오.

다. 완성품은 3개를 제출하시오. (단, 세로로 잘라 3/6토막 제출할 경우 수량부족으로 실격 처리)

수험자 유의사항 공통

1) 만드는 순서에 유의하며, 위생과 숙련된 기능평가를 위하여 조리작업 시 맛을 보지 않습니다.
2) 지정된 수험자지참준비물 이외의 조리기구나 재료를 시험장 내에 지참할 수 없습니다.
3) 지급재료는 시험 전 확인하여 이상이 있을 경우 시험위원으로부터 조치를 받고 시험 중에는 재료의 교환 및 추가지급은 하지 않습니다.
4) 요구사항 및 지급재료의 규격은 “정도”의 의미를 포함하며, 재료의 크기에 따라 가감하여 채점됩니다.
5) 위생복, 위생모, 앞치마, 마스크를 착용하여야 하며, 시험장비 · 조리기구 취급 등 안전에 유의합니다.
6) 다음 사항은 실격에 해당하여 채점 대상에서 제외됩니다.
   - 가) 수험자 본인이 시험 도중 시험에 대한 포기 의사를 표현하는 경우
   - 나) 위생복, 위생모, 앞치마, 마스크를 착용하지 않은 경우
   - 다) 시험시간 내에 과제 두 가지를 제출하지 못한 경우
   - 라) 문제의 요구사항대로 과제의 수량이 만들어지지 않은 경우
   - 마) 완성품을 요구사항의 과제(요리)가 아닌 다른 요리(예, 달걀말이 → 달걀찜)로 만든 경우
   - 바) 불을 사용하여 만든 조리작품이 작품특성에 벗어나는 정도로 타거나 익지 않은 경우
   - 사) 해당과제의 지급재료 이외 재료를 사용하거나, 요구사항의 조리기구(석쇠 등)로 완성품을 조리하지 않은 경우
   - 아) 지정된 수험자지참준비물 이외의 조리기술에 영향을 줄 수 있는 기구를 사용한 경우
   - 자) 가스레인지 화구 2개 이상(2개 포함) 사용한 경우
   - 차) 시험 중 시설 · 장비(칼, 가스레인지 등) 사용 시 시험위원 및 타수험자의 시험 진행에 위해를 일으킬 것으로 시험위원 전원이 합의하여 판단한 경우
   - 카) 요구사항에 표시된 실격 및 부정행위에 해당하는 경우
7) 항목별 배점은 위생상태 및 안전관리 5점, 조리기술 30점, 작품의 평가 15점입니다.
8) 시험시작 전 가벼운 몸 풀기(스트레칭) 동작으로 긴장을 풀고 시험을 시작합니다.

지급재료목록

- 북어포(반을 갈라 말린 껍질이 있는 것, 40g) ········ 1마리
- 진간장 ········ 20ml
- 대파(흰부분, 4cm) ········ 1토막
- 마늘(중, 깐 것) ········ 2쪽
- 고추장 ········ 40g
- 흰설탕 ········ 10g
- 깨소금 ········ 5g
- 참기름 ········ 15ml
- 검은후춧가루 ········ 2g
- 식용유 ········ 10ml

▣ 유장

- 참기름 ········ 2작은술
- 진간장 ········ 2/3작은술

▣ 양념장

- 고추장 ········ 2큰술
- 흰설탕 ········ 2/3큰술
- 진간장 ········ 1작은술
- 다진파 ········ 2작은술
- 다진마늘 ········ 1작은술
- 깨소금 ········ 1작은술
- 참기름 ········ 1/2작은술
- 검은후춧가루 ········ 적량

만드는 법

북어 자르기

유장 바르기

북어구이

재료 손질하기

01 북어포는 물에 잠깐 불려 물기를 눌러짜고 지느러미, 머리, 꼬리를 제거하고 뼈를 발라 낸 후 6cm 길이로 자른다. (구워진 북어의 길이는 5cm)

02 등쪽껍질에 대각선으로 칼집을 넣어 오그라들지 않게 준비한다.

양념장 만들기

03 고추장에 설탕, 간장, 다진파, 다진마늘, 깨소금, 참기름, 후춧가루를 넣고 고루 섞어 양념장을 만든다.

유장 바르기

04 간장과 참기름의 비율을 3:1로 하여 유장을 만들어 손질한 북어의 앞뒤로 골고루 발라준다.

초벌구이

05 석쇠를 달궈준 후 기름을 바르고 유장처리한 북어를 초벌구이한다.

굽기

06 초벌구이한 북어에 고추장 양념장을 앞뒤로 고르게 바르고 간이 충분히 들었으면 석쇠에 타지 않게 잘 굽는다.

참고사항

01 북어는 물에 불려서 부드럽게 한 후 뼈를 발라내고 마른 행주로 꼭꼭 눌러 물기를 없애고 유장처리를 하여 굽는다.

02 황태포를 너무 오래 물에 담구면 살이 부서지므로 유의하고 건어물을 불릴 때는 쌀뜨물을 이용하면 맹물보다 점도가 높아 생선이 갖고 있는 지미성분(旨味成分)이 빠져나가는 것을 막을 수 있다.

03 유장 처리를 하여 초벌구이할 때 거의 익힌 후 고추장 양념장을 발라 구워야 양념장이 타지 않고 잘 구워진다.

04 북어를 세로로 잘라 3/6토막 제출할 경우 수량부족으로 실격 처리된다.

구이 조리

26 더덕구이

시험시간 30분

더덕을 얇게 두드려 초벌구이한 후 고추장 양념장을 발라 구운 석쇠구이로서, 더덕 특유의 향이 있어 식욕을 돋우는 데 좋다.

26 더덕구이

요구사항

※ 주어진 재료를 사용하여 다음과 같이 [더덕구이]를 만드시오.
가. 더덕은 껍질을 벗겨 사용하시오.
나. 유장으로 초벌구이 하고, 고추장 양념으로 석쇠에 구우시오.
다. 완성품은 전량 제출하시오.

수험자 유의사항 공통

1) 만드는 순서에 유의하며, 위생과 숙련된 기능평가를 위하여 조리작업 시 맛을 보지 않습니다.
2) 지정된 수험자지참준비물 이외의 조리기구나 재료를 시험장 내에 지참할 수 없습니다.
3) 지급재료는 시험 전 확인하여 이상이 있을 경우 시험위원으로부터 조치를 받고 시험 중에는 재료의 교환 및 추가지급은 하지 않습니다.
4) 요구사항 및 지급재료의 규격은 "정도"의 의미를 포함하며, 재료의 크기에 따라 가감하여 채점됩니다.
5) 위생복, 위생모, 앞치마, 마스크를 착용하여야 하며, 시험장비 · 조리기구 취급 등 안전에 유의합니다.
6) 다음 사항은 실격에 해당하여 채점 대상에서 제외됩니다.
   가) 수험자 본인이 시험 도중 시험에 대한 포기 의사를 표현하는 경우
   나) 위생복, 위생모, 앞치마, 마스크를 착용하지 않은 경우
   다) 시험시간 내에 과제 두 가지를 제출하지 못한 경우
   라) 문제의 요구사항대로 과제의 수량이 만들어지지 않은 경우
   마) 완성품을 요구사항의 과제(요리)가 아닌 다른 요리(예, 달걀말이 → 달걀찜)로 만든 경우
   바) 불을 사용하여 만든 조리작품이 작품특성에 벗어나는 정도로 타거나 익지 않은 경우
   사) 해당과제의 지급재료 이외 재료를 사용하거나, 요구사항의 조리기구(석쇠 등)로 완성품을 조리하지 않은 경우
   아) 지정된 수험자지참준비물 이외의 조리기술에 영향을 줄 수 있는 기구를 사용한 경우
   자) 가스레인지 화구 2개 이상(2개 포함) 사용한 경우
   차) 시험 중 시설 · 장비(칼, 가스레인지 등) 사용 시 시험위원 및 타수험자의 시험 진행에 위해를 일으킬 것으로 시험위원 전원이 합의하여 판단한 경우
   카) 요구사항에 표시된 실격 및 부정행위에 해당하는 경우
7) 항목별 배점은 위생상태 및 안전관리 5점, 조리기술 30점, 작품의 평가 15점입니다.
8) 시험시작 전 가벼운 몸 풀기(스트레칭) 동작으로 긴장을 풀고 시험을 시작합니다.

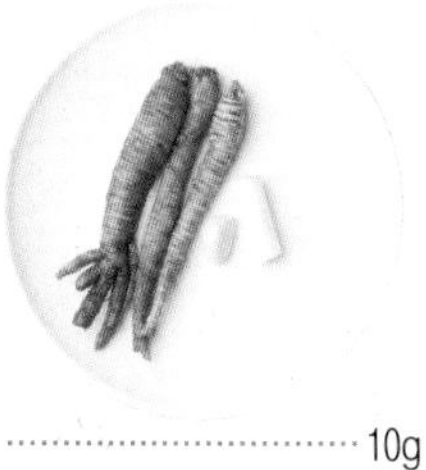

지급재료목록

- 통더덕(껍질 있는 것, 길이 10~15cm) 3개
- 진간장 ······ 10ml
- 대파(흰부분, 4cm) ······ 1토막
- 마늘(중, 깐 것) ······ 1쪽
- 고추장 ······ 30g
- 흰설탕 ······ 5g
- 깨소금 ······ 5g
- 참기름 ······ 10ml
- 소금(정제염) ······ 10g
- 식용유 ······ 10ml

▣ 유장
- 참기름 ······ 2작은술
- 진간장 ······ 2/3작은술

▣ 양념장
- 고추장 ······ 2큰술
- 흰설탕 ······ 1작은술
- 다진파 ······ 2작은술
- 다진마늘 ······ 1작은술
- 깨소금 ······ 1작은술
- 참기름 ······ 1/2작은술
- 물 ······ 1작은술

만드는 법

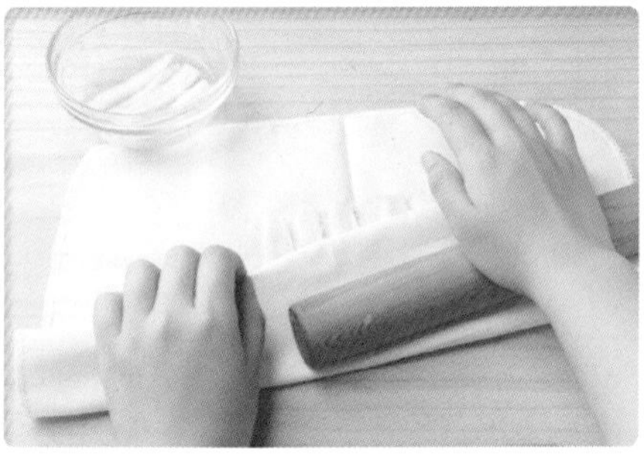

더덕 밀어 펴기

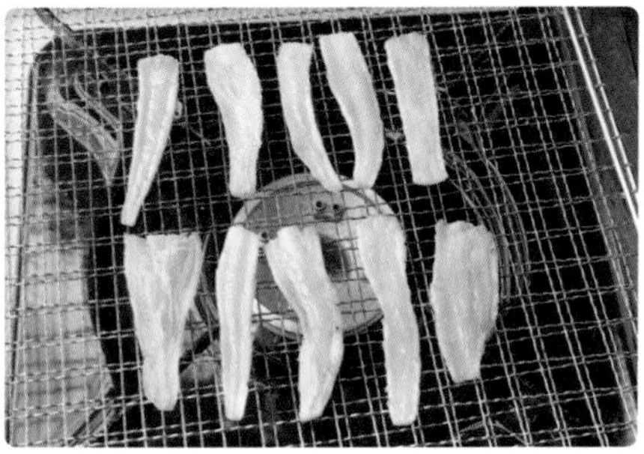

초벌구이

양념장 구이

재료 손질하기

01 통더덕은 깨끗이 씻어 윗부분을 잘라내고 위에서부터 껍질을 돌려가며 벗겨서 큰 것은 2~3등분, 작은 것은 반으로 갈라 소금물에 담근다.

02 소금물에 우린 더덕은 물기를 닦고 밀대로 밀거나 자근자근 두들겨 결을 살려 편편하게 편다.

03 손질한 더덕에 유장을 발라준다.

양념장 만들기

04 고추장에 설탕, 간장, 다진파, 다진마늘, 깨소금, 참기름을 넣어 양념장을 만든다.

초벌구이

05 유장을 발라준 더덕을 석쇠에서 초벌구이한다.

양념장 발라굽기

06 초벌구이한 더덕에 고추장 양념장을 골고루 바른 후 타지 않도록 구워낸다.

완성하기

07 접시에 가지런히 담아낸다.

참고사항

01 더덕의 쓴맛 성분인 사포닌의 제거를 위해 소금물에 담갔다 건져 사용하고, 양념을 하여 바로 구우면 속은 익지 않고 양념만 탈 우려가 있으므로 유장으로 1차 초벌구이를 한 후 양념장을 발라 굽는다.

02 유장은 조금만 발라주어야 더덕구이의 색깔이 보기 좋다.

03 센불보다는 약한 불에서 서서히 구워주도록 한다.

04 유장은 참기름과 간장이 3 : 1이 되도록 섞어 쓰고 초벌구이 시 살짝만 발라 구워야 질척해지지 않는다.

05 고추장 양념을 발라 구울 때 가장자리가 잘 타므로 불조절에 유의하여 굽는다.

더덕구이

구이 조리

27 생선양념구이

시험시간

30분

생선을 통째로 내장을 제거한 후 유장 처리를 하여 초벌구이하고 고추장 양념장을 발라 구운 구이이다.

요구사항

※ 주어진 재료를 사용하여 다음과 같이 [생선양념구이]를 만드시오.
가. 생선은 머리와 꼬리를 포함하여 통째로 사용하고 내장은 아가미쪽으로 제거하시오.
나. 칼집 넣은 생선을 유장으로 초벌구이하고, 고추장 양념으로 석쇠에 구우시오.
다. 생선구이는 머리 왼쪽, 배 앞쪽 방향으로 담아내시오.

수험자 유의사항 공통

1) 만드는 순서에 유의하며, 위생과 숙련된 기능평가를 위하여 조리작업 시 맛을 보지 않습니다.
2) 지정된 수험자지참준비물 이외의 조리기구나 재료를 시험장 내에 지참할 수 없습니다.
3) 지급재료는 시험 전 확인하여 이상이 있을 경우 시험위원으로부터 조치를 받고 시험 중에는 재료의 교환 및 추가지급은 하지 않습니다.
4) 요구사항 및 지급재료의 규격은 "정도"의 의미를 포함하며, 재료의 크기에 따라 가감하여 채점됩니다.
5) 위생복, 위생모, 앞치마, 마스크를 착용하여야 하며, 시험장비 · 조리기구 취급 등 안전에 유의합니다.
6) 다음 사항은 실격에 해당하여 채점 대상에서 제외됩니다.
   가) 수험자 본인이 시험 도중 시험에 대한 포기 의사를 표현하는 경우
   나) 위생복, 위생모, 앞치마, 마스크를 착용하지 않은 경우
   다) 시험시간 내에 과제 두 가지를 제출하지 못한 경우
   라) 문제의 요구사항대로 과제의 수량이 만들어지지 않은 경우
   마) 완성품을 요구사항의 과제(요리)가 아닌 다른 요리(예, 달걀말이 → 달걀찜)로 만든 경우
   바) 불을 사용하여 만든 조리작품이 작품특성에 벗어나는 정도로 타거나 익지 않은 경우
   사) 해당과제의 지급재료 이외 재료를 사용하거나, 요구사항의 조리기구(석쇠 등)로 완성품을 조리하지 않은 경우
   아) 지정된 수험자지참준비물 이외의 조리기술에 영향을 줄 수 있는 기구를 사용한 경우
   자) 가스레인지 화구 2개 이상(2개 포함) 사용한 경우
   차) 시험 중 시설 · 장비(칼, 가스레인지 등) 사용 시 시험위원 및 타수험자의 시험 진행에 위해를 일으킬 것으로 시험위원 전원이 합의하여 판단한 경우
   카) 요구사항에 표시된 실격 및 부정행위에 해당하는 경우
7) 항목별 배점은 위생상태 및 안전관리 5점, 조리기술 30점, 작품의 평가 15점입니다.
8) 시험시작 전 가벼운 몸 풀기(스트레칭) 동작으로 긴장을 풀고 시험을 시작합니다.

지급재료목록

- 조기(100g~120g) ······ 1마리
- 진간장 ······ 20ml
- 대파(흰부분, 4cm) ······ 1토막
- 마늘(중, 깐 것) ······ 1쪽
- 고추장 ······ 40g
- 흰설탕 ······ 5g
- 깨소금 ······ 5g
- 참기름 ······ 5ml
- 소금(정제염) ······ 20g
- 검은후춧가루 ······ 2g
- 식용유 ······ 10ml

▣ 유장
- 참기름 ······ 2/3작은술
- 진간장 ······ 1/6작은술

▣ 양념장
- 고추장 ······ 2큰술
- 진간장 ······ 1작은술
- 흰설탕 ······ 1작은술
- 다진파 ······ 1작은술
- 다진마늘 ······ 1/2작은술
- 깨소금 ······ 1작은술
- 참기름 ······ 1/3작은술
- 검은후춧가루 ······ 적량

만드는 법

내장 꺼내기

생선 손질하기

01 생선은 비늘을 긁고, 지느러미를 손질하고 아가미에 나무젓가락을 넣어 내장을 꺼낸 다음 깨끗이 씻어 준비한다.

02 손질된 생선 등쪽에 2cm 간격으로 3번 칼집을 넣어 소금을 뿌려 둔다.

양념장 만들기

03 파, 마늘을 곱게 다진다.

04 고추장에 나머지 양념을 섞어 고추장 양념을 만든다.

유장 바르기

유장 처리하기

05 02의 생선의 물기를 닦은 후, 유장을 만들어 골고루 발라 재워둔다.

구이

06 석쇠를 달궈 기름을 바르고 유장 처리한 생선을 초벌구이한 후 고추장 양념장을 발라 타지 않게 굽는다.

석쇠에 굽기

완성하기

07 완성된 생선구이는 머리가 왼쪽, 배가 앞쪽으로 오도록 담아낸다.

참고사항

01 생선은 손질 시 배가 터지지 않도록 입이나 아가미로 내장을 빼낸 후 소금을 뿌려둔다.

02 냉동된 생선은 해동시켜 손질한다.

03 생선구이는 구워서 그릇에 담을 때 위로 올라가는 껍질 쪽을 먼저 굽는다.

04 생선의 모양이 흐트러지지 않도록 주의한다.

05 생선을 구울 때는 센불보다는 중불에서 서서히 구워야 타지 않는다.

생선양념구이

숙채 조리

28 잡채

시험시간

35분

소고기와 여러 가지 채소, 당면을 각각 볶은 후 한데 섞어 버무려서 만드는 음식으로, 잔치상에 빠지지 않고 올리는 화려한 음식이다. 여러 가지 채소와 육류를 함께 먹을 수 있어 영양적 가치도 높다.

28 잡채

요구사항

※ 주어진 재료를 사용하여 다음과 같이 [잡채]를 만드시오.
가. 소고기, 양파, 오이, 당근, 도라지, 표고버섯은 0.3cm×0.3cm×6cm로 썰어서 사용하시오.
나. 숙주는 데치고 목이버섯은 찢어서 사용하시오.
다. 당면을 삶아서 유장처리하여 볶으시오.
라. 황 · 백지단은 0.2cm×0.2cm×4cm로 썰어 고명으로 얹으시오.

수험자 유의사항 공통

1) 만드는 순서에 유의하며, 위생과 숙련된 기능평가를 위하여 조리작업 시 맛을 보지 않습니다.
2) 지정된 수험자지참준비물 이외의 조리기구나 재료를 시험장 내에 지참할 수 없습니다.
3) 지급재료는 시험 전 확인하여 이상이 있을 경우 시험위원으로부터 조치를 받고 시험 중에는 재료의 교환 및 추가지급은 하지 않습니다.
4) 요구사항 및 지급재료의 규격은 "정도"의 의미를 포함하며, 재료의 크기에 따라 가감하여 채점됩니다.
5) 위생복, 위생모, 앞치마, 마스크를 착용하여야 하며, 시험장비 · 조리기구 취급 등 안전에 유의합니다.
6) 다음 사항은 실격에 해당하여 채점 대상에서 제외됩니다.
   가) 수험자 본인이 시험 도중 시험에 대한 포기 의사를 표현하는 경우
   나) 위생복, 위생모, 앞치마, 마스크를 착용하지 않은 경우
   다) 시험시간 내에 과제 두 가지를 제출하지 못한 경우
   라) 문제의 요구사항대로 과제의 수량이 만들어지지 않은 경우
   마) 완성품을 요구사항의 과제(요리)가 아닌 다른 요리(예, 달걀말이 → 달걀찜)로 만든 경우
   바) 불을 사용하여 만든 조리작품이 작품특성에 벗어나는 정도로 타거나 익지 않은 경우
   사) 해당과제의 지급재료 이외 재료를 사용하거나, 요구사항의 조리기구(석쇠 등)로 완성품을 조리하지 않은 경우
   아) 지정된 수험자지참준비물 이외의 조리기술에 영향을 줄 수 있는 기구를 사용한 경우
   자) 가스레인지 화구 2개 이상(2개 포함) 사용한 경우
   차) 시험 중 시설 · 장비(칼, 가스레인지 등) 사용 시 시험위원 및 타수험자의 시험 진행에 위해를 일으킬 것으로 시험위원 전원이 합의하여 판단한 경우
   카) 요구사항에 표시된 실격 및 부정행위에 해당하는 경우
7) 항목별 배점은 위생상태 및 안전관리 5점, 조리기술 30점, 작품의 평가 15점입니다.
8) 시험시작 전 가벼운 몸 풀기(스트레칭) 동작으로 긴장을 풀고 시험을 시작합니다.

지급재료목록

- 당면 ······ 20g
- 소고기(살코기, 길이 7cm) ······ 30g
- 건표고버섯(지름 5cm, 물에 불린 것, 부서지지 않은 것) ······ 1개
- 건목이버섯(지름 5cm, 물에 불린 것) 2개
- 양파(중, 150g) ······ 1/3개
- 오이(가늘고 곧은 것, 길이 20cm) · 1/3개
- 당근(곧은 것, 길이 7cm) ······ 50g
- 통도라지(껍질 있는 것, 길이 20cm) · 1개
- 숙주(생 것) ······ 20g
- 흰설탕 ······ 10g
- 대파(흰부분, 4cm) ······ 1토막
- 마늘(중, 깐 것) ······ 2쪽
- 진간장 ······ 20ml
- 식용유 ······ 50ml
- 깨소금 ······ 5g
- 검은후춧가루 ······ 1g
- 참기름 ······ 5ml
- 소금(정제염) ······ 15g
- 달걀 ······ 1개

▣ 소고기 · 표고버섯양념장
- 진간장 ······ 1작은술
- 흰설탕 ······ 1/2작은술
- 다진파 ······ 1/2작은술
- 다진마늘 ······ 1/4작은술
- 깨소금 ······ 1/4작은술
- 참기름 ······ 1/6작은술
- 검은후춧가루 ······ 적량

▣ 당면 유장처리
- 진간장 ······ 1큰술
- 흰설탕 ······ 1작은술
- 참기름 ······ 2/3작은술

만드는 법

채소 채 썰기

재료 손질하기

01 오이는 0.3cm×0.3cm×6cm로 채썰어 소금에 절였다가 물기를 꼭 짠다.

02 도라지는 오이와 같은 크기로 찢어(또는 채썰어) 소금에 절여 주물러 씻어 쓴맛을 우려낸 다음 물기를 꼭 짠다.

03 양파와 당근도 규격에 맞춰 채썰고, 숙주는 머리와 꼬리를 떼어내고 끓는 물에 데쳐낸 후 물기를 짜고 소금과 참기름으로 양념한다.

04 소고기와 표고버섯을 같은 크기로 채썰어 갖은 양념하고, 물에 불린 목이버섯은 손질하여 적당한 크기로 찢는다.

05 달걀은 황 · 백으로 나누어 소금을 뿌려둔다.

볶은 채소와 고기, 지단채 만들기

재료 볶기

06 달걀을 황 · 백 지단을 부쳐 0.2cm×0.2cm×4cm로 썬다.

07 팬에 기름을 두르고 오이, 도라지, 양파, 당근, 목이버섯, 표고버섯, 소고기순으로 볶는다. (양파와 당근은 볶으면서 소금간하기)

당면 볶기

당면 삶기

08 당면은 끓는 물에 삶아 찬물에 헹구어 건져준 후 적당한 길이로 잘라 간장, 설탕, 참기름(유장처리)으로 밑간을 해두었다가 볶는다.

완성하기

09 양념하여 볶은 당면에 볶아둔 재료를 섞어 간장, 소금, 설탕, 깨소금, 참기름을 넣고 고루 버무려 접시에 담아준 후 고명으로 준비한 황 · 백 지단채를 가지런히 얹어낸다.

참고사항

01 당면은 부재료 준비가 모두 끝난 후 삶아서 사용해야 퍼지지 않고 맛있다.

02 당면은 덜 삶아지거나 퍼지지 않게 잘 삶아 간장, 설탕, 참기름으로 밑간을 한다. 이때 조금 진하다 할 정도로 해야 나중에 색이 맞는다. 볶아서 두면 간장이 흡수되어 색이 엷어진다.

03 맛있는 잡채를 만들려면 당면이 잘 볶아져야 하는데 밑간한 당면은 뜨거운 팬에 수분이 없어질 때까지 볶아 넓게 펼쳐 식힌다.

04 준비된 재료들은 색이 흰순서대로 간 맞추어 볶는다.

잡채

숙채 조리

29 탕평채

시험시간

35분

녹두 녹말로 만든 청포묵을 볶은 소고기, 채소 등과 함께 버무린 묵무침이다. 여름철의 별미로 입 속의 감촉도 매끄럽고 새콤한 맛이 식욕을 돋우어 준다.

탕평채의 어원은 청포묵을 간장으로만 무치던 것을 영조 때 당쟁을 폐지하고자 탕평책을 실시하면서 청포묵에다 여러 가지 채소를 섞어 묵무침을 하였던 것이 유래가 되고 있다.

요구사항

※ 주어진 재료를 사용하여 다음과 같이 [탕평채]를 만드시오.
가. 청포묵은 0.4cm×0.4cm×6cm로 썰어 데쳐서 사용하시오.
나. 모든 부재료의 길이는 4~5cm로 써시오.
다. 소고기, 미나리, 거두절미한 숙주는 각각 조리하여 청포묵과 함께 초간장으로 무쳐 담아내시오.
라. 황 · 백지단은 4cm 길이로 채썰고, 김은 구워 부셔서 고명으로 얹으시오.

수험자 유의사항 공통

1) 만드는 순서에 유의하며, 위생과 숙련된 기능평가를 위하여 조리작업 시 맛을 보지 않습니다.
2) 지정된 수험자지참준비물 이외의 조리기구나 재료를 시험장 내에 지참할 수 없습니다.
3) 지급재료는 시험 전 확인하여 이상이 있을 경우 시험위원으로부터 조치를 받고 시험 중에는 재료의 교환 및 추가지급은 하지 않습니다.
4) 요구사항 및 지급재료의 규격은 "정도"의 의미를 포함하며, 재료의 크기에 따라 가감하여 채점됩니다.
5) 위생복, 위생모, 앞치마, 마스크를 착용하여야 하며, 시험장비 · 조리기구 취급 등 안전에 유의합니다.
6) 다음 사항은 실격에 해당하여 채점 대상에서 제외됩니다.
   가) 수험자 본인이 시험 도중 시험에 대한 포기 의사를 표현하는 경우
   나) 위생복, 위생모, 앞치마, 마스크를 착용하지 않은 경우
   다) 시험시간 내에 과제 두 가지를 제출하지 못한 경우
   라) 문제의 요구사항대로 과제의 수량이 만들어지지 않은 경우
   마) 완성품을 요구사항의 과제(요리)가 아닌 다른 요리(예, 달걀말이 → 달걀찜)로 만든 경우
   바) 불을 사용하여 만든 조리작품이 작품특성에 벗어나는 정도로 타거나 익지 않은 경우
   사) 해당과제의 지급재료 이외 재료를 사용하거나, 요구사항의 조리기구(석쇠 등)로 완성품을 조리하지 않은 경우
   아) 지정된 수험자지참준비물 이외의 조리기술에 영향을 줄 수 있는 기구를 사용한 경우
   자) 가스레인지 화구 2개 이상(2개 포함) 사용한 경우
   차) 시험 중 시설 · 장비(칼, 가스레인지 등) 사용 시 시험위원 및 타수험자의 시험 진행에 위해를 일으킬 것으로 시험위원 전원이 합의하여 판단한 경우
   카) 요구사항에 표시된 실격 및 부정행위에 해당하는 경우
7) 항목별 배점은 위생상태 및 안전관리 5점, 조리기술 30점, 작품의 평가 15점입니다.
8) 시험시작 전 가벼운 몸 풀기(스트레칭) 동작으로 긴장을 풀고 시험을 시작합니다.

지급재료목록

- 청포묵(중, 길이 6cm) ··· 150g
- 소고기(살코기, 길이 5cm) ··· 20g
- 숙주(생 것) ··· 20g
- 미나리(줄기 부분) ··· 10g
- 달걀 ··· 1개
- 김 ··· 1/4장
- 진간장 ··· 20ml
- 마늘(중, 깐 것) ··· 2쪽
- 대파(흰부분, 4cm) ··· 1토막
- 검은후춧가루 ··· 1g
- 참기름 ··· 5ml
- 흰설탕 ··· 5g
- 깨소금 ··· 5g
- 식초 ··· 5ml
- 소금(정제염) ··· 5g
- 식용유 ··· 10ml

▣ 소고기 양념장
- 진간장 ··· 1/3작은술
- 흰설탕 ··· 1/6작은술
- 다진파 ··· 적량
- 다진마늘 ··· 적량
- 깨소금 ··· 적량
- 참기름 ··· 적량
- 검은후춧가루 ··· 적량

▣ 초간장
- 진간장 ··· 1큰술
- 식초 ··· 1작은술
- 흰설탕 ··· 1작은술

만드는 법

청포묵 데치기

재료 손질하기

01 청포묵은 길이 6cm 두께와 폭은 0.4cm로 썬 후 끓는 물에 데쳐 내어 부드럽게 한 후 식혀서 소금과 참기름으로 양념한다.

02 숙주는 거두절미(머리와 꼬리를 떼고)하고 미나리는 다듬어 4~5cm 길이로 잘라, 끓는 물에 소금을 약간 넣고 각각 데쳐 찬물에 헹궈 물기를 제거한다.

03 소고기는 0.3cm×0.3cm×5cm로 채썰은 후 갖은 양념을 하여 볶아낸다.

04 달걀은 황 · 백으로 나누어 지단을 부쳐 4cm 길이로 채썬다.

05 김은 살짝 구워 부순다.

미나리 데치기

초간장 만들기

06 간장에 식초, 설탕을 넣고 잘 섞어 초간장을 만든다.

완성하기

07 준비된 채소와 소고기에 초간장을 넣어 무치고 청포묵과 함께 살짝 버무린다.

초간장에 무치기

그릇에 담기

08 완성된 탕평채를 그릇에 담은 후 구운 김과 지단채를 고명으로 얹는다.

참고사항

01 청포묵을 썰 때는 칼에 물을 적셔서 썰면 부드럽게 잘 썰린다.

02 청포묵이 굳은 것은 끓는 물에 살짝 데쳐낸 후 냉수에 헹구지 말고, 체에 밭쳐 물기가 빠지도록 그대로 식혀서 양념을 해야 묵이 쫄깃하다.

03 달걀을 황백으로 분리하여 소금을 약간 넣고 풀어 기공없이 태우지 않고 곱게 부쳐서 사용한다.

04 초간장은 간장을 적게 사용하는 것이 탕평채의 전체적인 색깔을 보기 좋게 한다.

05 김은 구워서 비닐봉투에 넣어 부숴야 깨끗하다.

탕평채

숙채 조리

30 칠절판

시험시간

40분

칠절판은 여섯 가지의 다양한 재료를 곱게 채썰어 각각 볶아낸 후 밀전병과 함께 싸먹는 요리이다. 색이 화려하고 맛 또한 담백하여 손님 초대상에도 잘 어울린다. 밀전병을 주로 이용하지만, 무를 얇게 썰어 촛물에 절였다가 싸서 먹어도 개운하다.

요구사항

※ 주어진 재료를 사용하여 다음과 같이 [칠절판]을 만드시오.
가. 밀전병은 직경 8cm 되도록 6개를 만드시오.
나. 채소와 황 · 백지단, 소고기는 0.2cm×0.2cm×5cm 정도로 써시오.
다. 석이버섯은 곱게 채를 써시오.

수험자 유의사항 공통

1) 만드는 순서에 유의하며, 위생과 숙련된 기능평가를 위하여 조리작업 시 맛을 보지 않습니다.
2) 지정된 수험자지참준비물 이외의 조리기구나 재료를 시험장 내에 지참할 수 없습니다.
3) 지급재료는 시험 전 확인하여 이상이 있을 경우 시험위원으로부터 조치를 받고 시험 중에는 재료의 교환 및 추가지급은 하지 않습니다.
4) 요구사항 및 지급재료의 규격은 "정도"의 의미를 포함하며, 재료의 크기에 따라 가감하여 채점됩니다.
5) 위생복, 위생모, 앞치마, 마스크를 착용하여야 하며, 시험장비 · 조리기구 취급 등 안전에 유의합니다.
6) 다음 사항은 실격에 해당하여 채점 내상에서 제외됩니다.
   가) 수험자 본인이 시험 도중 시험에 대한 포기 의사를 표현하는 경우
   나) 위생복, 위생모, 앞치마, 마스크를 착용하지 않은 경우
   다) 시험시간 내에 과제 두 가지를 제출하지 못한 경우
   라) 문제의 요구사항대로 과제의 수량이 만들어지지 않은 경우
   마) 완성품을 요구사항의 과제(요리)가 아닌 다른 요리(예, 달걀말이 → 달걀찜)로 만든 경우
   바) 불을 사용하여 만든 조리작품이 작품특성에 벗어나는 정도로 타거나 익지 않은 경우
   사) 해당과제의 지급재료 이외 재료를 사용하거나, 요구사항의 조리기구(석쇠 등)로 완성품을 조리하지 않은 경우
   아) 지정된 수험자지참준비물 이외의 조리기술에 영향을 줄 수 있는 기구를 사용한 경우
   자) 가스레인지 화구 2개 이상(2개 포함) 사용한 경우
   차) 시험 중 시설 · 장비(칼, 가스레인지 등) 사용 시 시험위원 및 타수험자의 시험 진행에 위해를 일으킬 것으로 시험위원 전원이 합의하여 판단한 경우
   카) 요구사항에 표시된 실격 및 부정행위에 해당하는 경우
7) 항목별 배점은 위생상태 및 안전관리 5점, 조리기술 30점, 작품의 평가 15점입니다.
8) 시험시작 전 가벼운 몸 풀기(스트레칭) 동작으로 긴장을 풀고 시험을 시작합니다.

지급재료목록

- 소고기(살코기, 길이 6cm) ············ 50g
- 오이(가늘고 곧은 것, 길이 20cm) · 1/2개
- 당근(곧은 것, 길이 7cm) ············ 50g
- 달걀 ············ 1개
- 석이버섯(부서지지 않은 것, 마른 것) ·5g
- 밀가루(중력분) ············ 50g
- 진간장 ············ 20ml
- 마늘(중, 깐 것) ············ 2쪽
- 대파(흰부분, 4cm) ············ 1토막
- 검은후춧가루 ············ 1g
- 참기름 ············ 10ml
- 흰설탕 ············ 10g
- 깨소금 ············ 5g
- 식용유 ············ 30ml
- 소금(정제염) ············ 10g

▣ 밀전병

- 밀가루(체에 친 후 깎아서 잰 것) ·· 8큰술
- 물 ············ 6~7큰술
- 소금 ············ 적량

▣ 소고기 양념장

- 진간장 ············ 2/3작은술
- 흰설탕 ············ 1/3작은술
- 다진파 ············ 1/2작은술
- 다진마늘 ············ 1/4작은술
- 깨소금 ············ 1/4작은술
- 참기름 ············ 1/8작은술
- 검은 후춧가루 ············ 약간

만드는 법

밀전병 반죽 체에 내리기

소고기 볶기

밀전병 부치기

밀전병 반죽 만들기

01 밀가루는 체에 친후 8큰술을 준비하고, 소금물 6~7큰술을 넣어 멍울이 없이 풀어서 체에 내린다.

재료 손질하기

02 오이는 5cm 길이로 돌려 깎기한 후 0.2cm×0.2cm로 채썰어 소금에 절였다 꼭 짠다.

03 당근도 오이와 같은 크기로 채썬다.

04 소고기는 채소와 같은 크기로 채썰은 후 갖은 양념을 한다.

05 석이버섯은 뜨거운 물에 불려 이끼를 제거하고 돌을 따낸 후 물기를 제거하고 돌돌 말아 채썰어 참기름, 소금으로 조미한다.

06 달걀은 황 · 백으로 분리하여 소금을 조금 넣고 저어서 거품을 걷고 준비한다.

재료 볶기

07 달걀은 지단을 부쳐 5cm×0.2cm×0.2cm로 곱게 채썬다.

08 팬에 기름을 두른 후 오이, 당근(볶으면서 소금간하기), 석이버섯, 소고기 순서로 볶아낸다.

밀전병 부치기

09 팬에 기름을 조금 두른 후 불을 약하게 하여 직경 8cm 크기로 밀전병을 부친다.

완성하기

10 접시에 볶아낸 재료들을 색스럽게 돌려 담은 후 중앙에 밀전병을 담아낸다.

참고사항

01 지급 받은 밀가루 50g을 체에치면 11큰술의 밀가루가 나오며 그중 8큰술 밀가루를 깎아서 계량하여 소금물 6~7큰술을 농도를 보아가며 넣어서 잘 푼 후 체에 내려 밀전병 반죽을 만든다. 이렇게 준비한 반죽은 7큰술 정도가 나오며 밀전병 1개당 반죽물 2/3큰술을 사용하여 직경 8cm가 되도록 6개를 만든다.

02 밀전병을 부칠 때는 기름의 양을 적게 하고(눈으로 보았을 때 기름이 보이지 않을 정도로 기름종이로 닦아낸다), 불은 약한 불로 한 후 부쳐야 면이 매끈하다.

03 칠절판에 쓰이는 재료의 크기와 두께는 모두 일정하게 썰어준다.

04 양념한 소고기는 팬에 촉촉하게 볶아놓는다.

칠절판

복음 조리

31 오징어볶음

시험시간

30분

오징어볶음은 싱싱한 물오징어의 껍질을 벗겨낸 후, 몸 안쪽에 사선으로 일정한 간격으로 잔 칼집을 넣어 채소와 함께 고추장 양념장으로 볶아내는 반찬이다. 사계절 모두 어획되고 있으나 성어기는 8~10월이며, 싱싱한 것은 적갈색을 띠고, 껍질에서 광택이 난다.

31 오징어볶음

요구사항

※ 주어진 재료를 사용하여 다음과 같이 [오징어볶음]을 만드시오.

가. 오징어는 0.3cm 폭으로 어슷하게 칼집을 넣고, 크기는 4cm×1.5cm 정도로 써시오.
(단, 오징어 다리는 4cm 길이로 자른다)

나. 고추, 파는 어슷썰기, 양파는 폭 1cm로 써시오.

수험자 유의사항 공통

1) 만드는 순서에 유의하며, 위생과 숙련된 기능평가를 위하여 조리작업 시 맛을 보지 않습니다.
2) 지정된 수험자지참준비물 이외의 조리기구나 재료를 시험장 내에 지참할 수 없습니다.
3) 지급재료는 시험 전 확인하여 이상이 있을 경우 시험위원으로부터 조치를 받고 시험 중에는 재료의 교환 및 추가지급은 하지 않습니다.
4) 요구사항 및 지급재료의 규격은 "정도"의 의미를 포함하며, 재료의 크기에 따라 가감하여 채점됩니다.
5) 위생복, 위생모, 앞치마, 마스크를 착용하여야 하며, 시험장비 · 조리기구 취급 등 안전에 유의합니다.
6) 다음 사항은 실격에 해당하여 채점 대상에서 제외됩니다.
   가) 수험자 본인이 시험 도중 시험에 대한 포기 의사를 표현하는 경우
   나) 위생복, 위생모, 앞치마, 마스크를 착용하지 않은 경우
   다) 시험시간 내에 과제 두 가지를 제출하지 못한 경우
   라) 문제의 요구사항대로 과제의 수량이 만들어지지 않은 경우
   마) 완성품을 요구사항의 과제(요리)가 아닌 다른 요리(예, 달걀말이 → 달걀찜)로 만든 경우
   바) 불을 사용하여 만든 조리작품이 작품특성에 벗어나는 정도로 타거나 익지 않은 경우
   사) 해당과제의 지급재료 이외 재료를 사용하거나, 요구사항의 조리기구(석쇠 등)로 완성품을 조리하지 않은 경우
   아) 지정된 수험자지참준비물 이외의 조리기술에 영향을 줄 수 있는 기구를 사용한 경우
   자) 가스레인지 화구 2개 이상(2개 포함) 사용한 경우
   차) 시험 중 시설 · 장비(칼, 가스레인지 등) 사용 시 시험위원 및 타수험자의 시험 진행에 위해를 일으킬 것으로 시험위원 전원이 합의하여 판단한 경우
   카) 요구사항에 표시된 실격 및 부정행위에 해당하는 경우
7) 항목별 배점은 위생상태 및 안전관리 5점, 조리기술 30점, 작품의 평가 15점입니다.
8) 시험시작 전 가벼운 몸 풀기(스트레칭) 동작으로 긴장을 풀고 시험을 시작합니다.

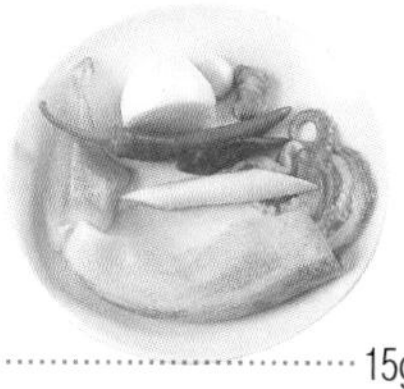

지급재료목록

- 물오징어(250g) ··· 1마리
- 소금(정제염) ··· 5g
- 진간장 ··· 10ml
- 흰설탕 ··· 20g
- 참기름 ··· 10ml
- 깨소금 ··· 5g
- 풋고추(길이 5cm 이상) ··· 1개
- 홍고추(생) ··· 1개
- 양파(중, 150g) ··· 1/3개
- 마늘(중, 깐 것) ··· 2쪽
- 대파(흰부분, 4cm) ··· 1토막
- 생강 ··· 5g
- 고춧가루 ··· 15g
- 고추장 ··· 50g
- 검은후춧가루 ··· 2g
- 식용유 ··· 30ml

▣ 양념장

- 고추장 ··· 2.5큰술
- 고춧가루 ··· 1큰술
- 흰설탕 ··· 1.5큰술
- 진간장 ··· 2작은술
- 다진파 ··· 2작은술
- 다진마늘 ··· 1작은술
- 다진생강 ··· 1/4작은술
- 깨소금 ··· 1작은술
- 참기름 ··· 2작은술
- 검은후춧가루 ··· 적량
- 물 ··· 2작은술

만드는 법

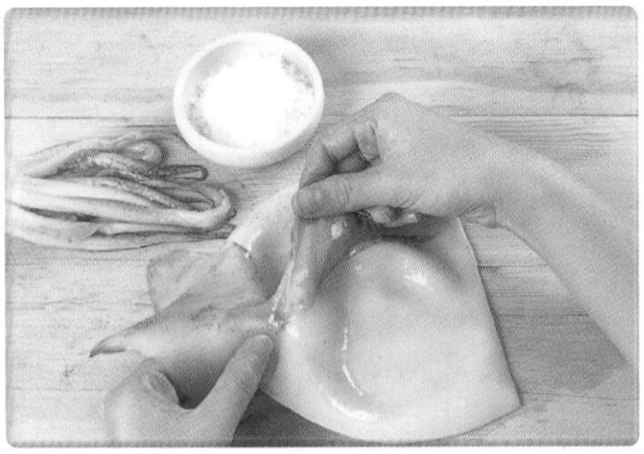

오징어 껍질 벗기기

재료 손질하기

01 오징어는 먹물이 터지지 않게 내장을 제거하고 몸통과 다리의 껍질을 벗겨 깨끗이 씻은 후 몸통 안쪽에 가로, 세로 0.3cm 간격으로 어슷하게 칼집을 넣어 4cm 길이, 1.5cm 폭으로 썰어준다.

02 양파는 한장씩 떼어 1cm 너비로 썰고, 대파는 0.5cm 두께로 어슷하게 썬다. 홍고추와 풋고추는 0.8cm 두께로 어슷썰기하여 씨를 털어낸다.

03 마늘과 생강은 곱게 다져 놓는다.

오징어 칼집 넣기

양념장 만들기

04 고추장에 고춧가루, 설탕, 간장, 다진마늘, 다진생강, 깨소금, 참기름, 후춧가루를 넣어 양념장을 만든다.

팬에 볶기

05 뜨거운 팬에 기름을 두르고 양파, 풋고추, 홍고추순으로 볶으면서 양념장을 넣고 오징어를 넣어 볶다가 대파를 넣고 가볍게 섞는다.

팬에 볶기

완성하기

06 마지막으로 참기름을 넣고 고루 섞어 그릇에 담아낸다.

참고사항

01 오징어는 칼집을 넣을 때 몸통 안쪽에서 사선으로 가로, 세로로 칼집을 넣어준 후 가로로 잘라야 모양이 일정하고 말려 오그라 들지 않는다.

02 오징어볶음은 센불에서 짧은 시간에 볶아야만 물이 생기지 않고 덜 질기다.

오징어볶음

김치
조리

32 배추김치

시험시간

35분

배추김치는 통배추를 등분하여 소금에 절였다가 씻어서 속을 버무려 배추 잎의 사이사이에 고루 끼워 담은 월동 형 김장김치로 배추와 무를 주재료로 하여 신선한 해물과 갖은 양념을 넣고 적당히 숙성을 시켜 발효시킨 김치이다.

요구 사항

※ 주어진 재료를 사용하여 다음과 같이 배추김치를 만드시오.
가. 배추는 씻어 물기를 빼시오.
나. 찹쌀가루로 찹쌀 풀을 쑤어 식혀 사용하시오.
다. 무는 0.3cm× 0.3cm× 5cm 크기로 채 썰어 고춧가루로 버무려 색을 들이시오.
라. 실파, 갓, 미나리, 대파(채썰기)는 4cm로 썰고, 마늘, 생강, 새우젓은 다져 사용하시오.
마. 소의 재료를 양념하여 버무려 사용하시오.
바. 소를 배춧잎 사이사이에 고르게 채워 반을 접어 바깥 잎으로 전체를 싸서 담아내시오

수험자 유의사항 공통

1) 만드는 순서에 유의하며, 위생과 숙련된 기능평가를 위하여 조리작업 시 맛을 보지 않습니다.
2) 지정된 수험자지참준비물 이외의 조리기구나 재료를 시험장 내에 지참할 수 없습니다.
3) 지급재료는 시험 전 확인하여 이상이 있을 경우 시험위원으로부터 조치를 받고 시험 중에는 재료의 교환 및 추가지급은 하지 않습니다.
4) 요구사항 및 지급재료의 규격은 "정도"의 의미를 포함하며, 재료의 크기에 따라 가감하여 채점됩니다.
5) 위생복, 위생모, 앞치마, 마스크를 착용하여야 하며, 시험장비 · 조리기구 취급 등 안전에 유의합니다.
6) 다음 사항은 실격에 해당하여 채점 대상에서 제외됩니다.
   가) 수험자 본인이 시험 도중 시험에 대한 포기 의사를 표현하는 경우
   나) 위생복, 위생모, 앞치마, 마스크를 착용하지 않은 경우
   다) 시험시간 내에 과제 두 가지를 제출하지 못한 경우
   라) 문제의 요구사항대로 과제의 수량이 만들어지지 않은 경우
   마) 완성품을 요구사항의 과제(요리)가 아닌 다른 요리(예, 달걀말이 → 달걀찜)로 만든 경우
   바) 불을 사용하여 만든 조리작품이 작품특성에 벗어나는 정도로 타거나 익지 않은 경우
   사) 해당과제의 지급재료 이외 재료를 사용하거나, 요구사항의 조리기구(석쇠 등)로 완성품을 조리하지 않은 경우
   아) 지정된 수험자지참준비물 이외의 조리기술에 영향을 줄 수 있는 기구를 사용한 경우
   자) 가스레인지 화구 2개 이상(2개 포함) 사용한 경우
   차) 시험 중 시설 · 장비(칼, 가스레인지 등) 사용 시 시험위원 및 타수험자의 시험 진행에 위해를 일으킬 것으로 시험위원 전원이 합의하여 판단한 경우
   카) 요구사항에 표시된 실격 및 부정행위에 해당하는 경우
7) 항목별 배점은 위생상태 및 안전관리 5점, 조리기술 30점, 작품의 평가 15점입니다.
8) 시험시작 전 가벼운 몸 풀기(스트레칭) 동작으로 긴장을 풀고 시험을 시작합니다.

지급재료목록

- 절임배추(포기당 2.5~3kg, 1/4포기당, 500~600g) ······ 1/4포기
- 무(길이 5cm이상) ······ 80g
- 실파(쪽파 대체가능) ······ 20g
- 갓(적 겨자 대체가능) ······ 20g
- 미나리(줄기부분) ······ 10g
- 대파(흰 부분, 4cm) ······ 1토막
- 찹쌀가루 (건식가루) ······ 10g
- 새우젓 ······ 20g
- 멸치액젓 ······ 10ml
- 대파(흰부분, 4cm) ······ 1토막
- 마늘(중, 깐 것) ······ 2쪽
- 생강 ······ 10g
- 고춧가루 ······ 50g
- 소금(정제염) ······ 10g
- 흰설탕 ······ 10g

▣ 찹쌀 풀
- 찹쌀가루 ······ 10g(1.5큰술)
- 물 ······ 1컵

▣ 소 양념장
- 고춧가루 ······ 50g(1/2컵)
- 찹쌀풀 ······ 2~3큰술
- 새우젓(다진 것) ······ 1큰술
- 멸치액젓 ······ 1/2큰술
- 다진 마늘 ······ 1큰술
- 다진 생강 ······ 1작은술
- 설탕 ······ 1/2큰술
- 소금(정제염) ······ 적량

무채 고춧가루 색 들이기

소 재료 양념하기

소 채워 넣기

바깥 잎으로 전체 싸기

만드는 법

배추 물기빼기

01 절임배추는 흐르는 물에 3~4회 씻어서 소금기를 빼고 속 부분이 밑으로 가도록 엎어 물기를 빼놓는다. 물기가 빠지면 배추 꼭 다리 부분을 칼로 잎이 떨어지지 않도록 다듬는다.

찹쌀 풀 쑤기

02 건식 찹쌀가루(1.5큰술)에 분량의 물(1컵)을 넣고 잘 풀어 저어가며 찹쌀 풀을 끓여 차갑게 식힌다.

소 재료 준비

03 무는 0.3cm× 0.3cm× 5cm 크기로 채 썰어 고춧가루 1큰술 정도를 넣고 버무려 색을 들인다.

04 실파와 갓, 미나리, 대파(채 썰기)는 손질하여 4cm로 썰고 마늘, 생강, 새우젓은 다진다.

양념 장 만들기

05 식힌 찹쌀 풀 2~3큰술(찹쌀 풀의 농도에 따라 가감)에 나머지 고춧가루와 멸치액젓1/2큰술, 다진 새우젓 1큰술, 다진마늘 1큰술, 다진생강 1작은술, 설탕1/2큰술, 소금약간을 넣고 섞어 양념장을 만들어 불려 놓는다.

소 재료 양념하여 버무리기

06 05의 양념장에 고춧가루로 물들인 무채를 넣고 버무린 다음 부재료(갓, 미나리, 대파, 실파)를 넣어 풀 내가 나지 않도록 살살 버무려 배추소를 만든다.

완성하기

07 물기 빠진 절임 배추 잎 사이사이에 배추소를 고르게 펴서 채워 넣고 반을 접어 바깥 잎으로 소가 빠지지 않고 공기가 들어가기 않도록 전체를 싸서 담아낸다.

참고사항

01 찹쌀가루(건식가루) 10g은 약 1.5큰술 정도의 양이며, 고춧가루 50g(중간 굵기-중분)은 약 1/2컵 정도이다.

02 절임 배추는 소금기가 많은 상태 이므로 넉넉한 그릇에 물을 흘려보내면서 사이사이를 깨끗하게 씻어(이때 배추 잎이 떨어져 나가지 않도록 주의하기) 건져 채반에 엎어서 물기를 빼야 잘 빠진다.

03 찹쌀 풀: 건식 찹쌀가루에 분량의 물을 넣고 거품기로 잘 푼 후(멍울이 없도록) 나무주걱으로 냄비의 밑바닥까지 저어가며 찹쌀 풀을 쑤어야 밑이 눌 지 않는다. 완성된 찹쌀 풀은 차갑게 식혀서 사용한다.

04 무는 고춧가루 물을 먼저 들여 놓으면 색상도 좋고 숨이 죽어서 소를 버무릴 때 김치 소가 흘러나오지 않는다.

05 소를 버무릴 때 푸른 채소는 나중에 넣고 살살 버무려야 풀 내가 나지 않는다. 버무린 소는 잠시 두면 숨이 죽어 수분이 나오는데 다시 한 번 살살 버무려 사용하면 배춧잎에 소를 채워 넣기가 편하다.

06 김치 양념이 한쪽으로 쏠리지 않도록 배추 사이사이에 고루 펴 넣는다.

07 소를 채워 넣는 김치는 양념이 흘러나오지 않고, 공기가 들어가지 않도록 바깥 잎으로 전체를 둘러 감듯이 싸서 제출한다.

배추김치

김치 조리

33 오이소박이

시험시간 20분

연한 오이에 칼집을 넣고 절여서 송송 썬 부추와 새우젓, 고춧가루로 담백하게 소를 채워 익힌 여름철의 별미 김치이다.

33 오이소박이

요구사항

※ 주어진 재료를 사용하여 다음과 같이 오이소박이를 만드시오.
가. 오이는 6cm 길이로 3토막 내시오.
나. 오이에 3~4갈래 칼집을 넣을 때 양쪽 끝이 1cm 남도록 하고, 절여 사용하시오.
다. 소를 만들 때 부추는 1cm 길이로 썰고, 새우젓은 다져 사용하시오.
라. 그릇에 묻은 양념을 이용하여 국물을 만들어 소박이 위에 부어내시오.

수험자 유의사항 공통

1) 만드는 순서에 유의하며, 위생과 숙련된 기능평가를 위하여 조리작업 시 맛을 보지 않습니다.
2) 지정된 수험자지참준비물 이외의 조리기구나 재료를 시험장 내에 지참할 수 없습니다.
3) 지급재료는 시험 전 확인하여 이상이 있을 경우 시험위원으로부터 조치를 받고 시험 중에는 재료의 교환 및 추가지급은 하지 않습니다.
4) 요구사항 및 지급재료의 규격은 "정도"의 의미를 포함하며, 재료의 크기에 따라 가감하여 채점됩니다.
5) 위생복, 위생모, 앞치마, 마스크를 착용하여야 하며, 시험장비 · 조리기구 취급 등 안전에 유의합니다.
6) 다음 사항은 실격에 해당하여 채점 대상에서 제외됩니다.
   가) 수험자 본인이 시험 도중 시험에 대한 포기 의사를 표현하는 경우
   나) 위생복, 위생모, 앞치마, 마스크를 착용하지 않은 경우
   다) 시험시간 내에 과제 두 가지를 제출하지 못한 경우
   라) 문제의 요구사항대로 과제의 수량이 만들어지지 않은 경우
   마) 완성품을 요구사항의 과제(요리)가 아닌 다른 요리(예, 달걀말이 → 달걀찜)로 만든 경우
   바) 불을 사용하여 만든 조리작품이 작품특성에 벗어나는 정도로 타거나 익지 않은 경우
   사) 해당과제의 지급재료 이외 재료를 사용하거나, 요구사항의 조리기구(석쇠 등)로 완성품을 조리하지 않은 경우
   아) 지정된 수험자지참준비물 이외의 조리기술에 영향을 줄 수 있는 기구를 사용한 경우
   자) 가스레인지 화구 2개 이상(2개 포함) 사용한 경우
   차) 시험 중 시설 · 장비(칼, 가스레인지 등) 사용 시 시험위원 및 타수험자의 시험 진행에 위해를 일으킬 것으로 시험위원 전원이 합의하여 판단한 경우
   카) 요구사항에 표시된 실격 및 부정행위에 해당하는 경우
7) 항목별 배점은 위생상태 및 안전관리 5점, 조리기술 30점, 작품의 평가 15점입니다.
8) 시험시작 전 가벼운 몸 풀기(스트레칭) 동작으로 긴장을 풀고 시험을 시작합니다.

지급재료목록

- 오이 (가는 것 , 20cm 정도) ············ 1개
- 부추 ············ 20g
- 새우젓 ············ 10g
- 고춧가루 ············ 10g
- 대파 (흰 부분, 4cm정도) ············ 1토막
- 마늘(중, 깐 것) ············ 1쪽
- 생강 ············ 10g
- 소금(정제염) ············ 50g

▣ 소금물
- 소금 (정제염) ············ 2~3큰술
- 물 ············ 1/2~1컵

▣ 소 양념
- 고춧가루 ············ 1큰술+ 1작은술
- 소금(정제염) ············ 적량
- 다진 파 ············ 1/2큰술
- 다진 마늘 ············ 1작은술
- 다진 생강 ············ 1/4작은술
- 새우젓 (다진 것) ············ 1작은술
- 물 ············ 1~2큰술

▣ 김칫국물
- 물 ············ 2큰술
- 소금(정제염) ············ 적량

오이 3~4갈래 칼집 넣기

소 채워 넣기

김칫국물 붓기

만드는 법

재료 손질하기

01 오이는 소금으로 문질러 씻은 후 양쪽 끝을 잘라 내고 6cm 길이로 3토막을 내어 양쪽 끝이 1cm씩 남도록 3~4갈래 칼집을 넣어 소금물에 절여 둔다.

02 부추는 다듬어 씻은 후 1cm 길이로 송송 썰고 대파, 마늘, 생강, 새우젓은 곱게 다진다.

소 만들기

03 고춧가루에 다진 새우젓과 물, 소금, 다진파, 다진마늘, 다진생강을 넣고 촉촉하게 갠 후 썬 부추를 넣고 살살 버무려 소를 만든다.

소 채워 넣기

04 절여진 오이는 물에 씻어 물기를 짜고 양끝을 살짝 눌러 칼집 사이에 소를 고르게 들어가도록 채워 넣는다.

김칫국물 만들기

05 소를 버무렸던 그릇에 물 2큰술과 소량의 소금을 넣어 간을 맞춘 뒤 체에 걸러 김칫국물을 만든다.

완성하기

06 완성된 오이소박이를 그릇에 담고 김칫국물을 소박이 위에 2큰술 정도 촉촉하게 부어 낸다.

참고사항

01 고춧가루 1큰술은 약 7g정도로 10g이 지급되므로 1큰술과 1작은술로 지급재료를 생각하고 연습한다.

02 오이에 3~4갈래로 칼집을 넣을 때 양쪽 끝이 잘리지 않도록 한다.

03 오이를 절일 때 물에 뜨지 않도록 그릇으로 눌러서 충분히 절여야만 소를 넣을 때 양쪽 끝이 갈라지지 않는다.

04 절여진 오이는 칼집 낸 곳이 잘 벌어지면 절여진 것으로 물에 씻어서 물기를 짠 뒤 (오이에 낸 칼집이 갈라지지 않도록 주의) 사용해야 씹히는 맛이 아작아작하고 맛있다.

05 새우젓은 건지를 건져서 곱게 다져 국물과 함께 사용한다.

06 오이의 칼집 사이사이에 소가 충분하게 들어가도록 한다. (감독관이 완성된 오이소박이를 반으로 갈라 소가 잘 들어갔는지 확인 함)

07 몸통 표면은 부추를 뺀 고춧가루 양념을 골고루 묻혀준다.

08 김칫국물은 소를 버무렸던 그릇에 물 2큰술과 소금을 넣고 잘 섞은 후 체에 밭쳐 부추는 빼고 김칫국물만 깨끗하게 준비한다. 이때 그릇에 남은 양념이 거의 없을 시에는 고춧가루를 조금 섞어서 사용한다.

01. 연어냉채
02. 소고기편채
03. 홍어찜
04. 꽃게볶음
05. 곱창전골
06. 고추물김치
07. 무구절쌈
08. 아귀찜
09. 영양밥
10. 소라초
11. 쌈장
12. 황태구이
13. 장어볶음
14. 전복죽
15. 감자채 튀김과 채소 샐러드
16. 꽃게장
17. 홍어회무침
18. 모듬젓갈
19. 수삼튀김
20. 석화초회
21. 쟁반국수
22. 잡채
23. 떡갈비
24. 닭고기고추장케찹조림
25. 차돌박이구이와 채소무침
26. 식혜
27. 꽃게무침
28. 닭고기 잣무침
29. LA 갈비구이
30. 라이스 페이퍼 나물쌈
31. 불고기쭈꾸미전골
32. 국수전골
33. 돼지갈비볶음

생활요리 및 출장요리 특선모음

KOREAN FOOD
cook practical
technique

01 연어냉채

재료목록

연어 ········· 300g
백포도주 ········· 1큰술
소금 ········· 적량
흰 후춧가루 ········· 적량
녹말가루 ········· 2큰술
셀러리 ········· 2대
레디쉬 ········· 6개
배 ········· 1/2개
수삼 ········· 3뿌리
새우 ········· 200g
레몬 ········· 1쪽

▣ 채소 담금물

얼음물 ········· 4컵
식초 ········· 3큰술
설탕 ········· 4큰술
파인애플 주스 ········· 3큰술

▣ 소스

육수 ········· 5큰술
식초 ········· 2큰술
설탕 ········· 1큰술
배즙 ········· 1큰술
겨자 ········· 1작은술
다진마늘 ········· 1작은술
간장 ········· 1작은술
꿀 ········· 1작은술
소금 ········· 적량

만드는 법

1. 연어는 2×3cm로 얇게 썰어 백포도주, 소금, 흰 후춧가루에 재운다.
2. 연어에 간이 들면 수분을 제거하고 녹말가루를 골고루 묻혀 김이 오른 찜통에 날녹말가루가 남지 않도록 찐다.
3. 셀러리와 레디쉬, 수삼, 배는 채썰어 각각 채소 담금물에 담갔다가 건져 물기를 빼고 새우는 내장을 제거한 후 끓는 물에 소금과 레몬 1쪽을 넣고 데쳐서 식힌 후 껍질을 벗기고 반으로 가른다.
4. 소스만들기 : 육수에 분량의 재료를 섞어 잘 혼합한다.
5. 넓은 접시에 채소와 새우를 돌려담고 가운데 찐 연어를 놓은 다음 소스를 곁들여 낸다.

02 소고기편채

재료목록

소고기	200g
레디쉬	2개
소금	적량
무순	30g
후춧가루	적량
오이	1/2개
찹쌀가루	1/3컵
대파	1/4개
식용유	2큰술
깻잎	5장

▣ 겨자즙

식초	1큰술
물	1큰술
설탕	1작은술
잣가루	1작은술
소금	1/3작은술
레몬즙	1작은술
간장	1작은술
겨자	1작은술

만드는 법

1. 소고기는 0.2cm 두께로 얇게 손바닥 크기보다 작은 크기로 썰어 소금, 후춧가루로 밑간을 하여 두었다가 찹쌀가루를 앞뒤로 고루 묻혀 찹쌀가루가 스며들면 기름을 약간씩 두르면서 팬에 지져낸다.
2. 오이와 레디쉬, 대파는 채썰어 냉수에 담갔다가 건져 물기를 제거하여 준비한다.
3. 식초에 분량의 재료를 넣고 섞어 겨자장을 만든다.
4. 찹쌀가루를 묻혀 지져낸 소고기에 채소를 올리고 돌돌 말아서 접시에 담고 겨자즙을 곁들인다.

03 홍어찜

재료목록

홍어(중) ············ 1/2마리
소금 ························ 적량
후춧가루 ··················· 적량
무즙························ 1큰술
청주························ 1큰술
들기름 ················· 1작은술
양파즙 ····················· 1큰술
식용유 ····················· 1큰술
생강즙 ·············· 1/2작은술

▣ 양념장

간장························ 2큰술
설탕 ················· 1/2작은술
다진마늘 ·············· 1작은술
꿀 ····················· 1/2작은술
고춧가루 ··········· 1/2작은술
육수 ······················· 1큰술

▣ 고명

찹쌀가루 ················· 3큰술
팽이버섯 ···················· 30g
석이버섯채 ················ 적량
밤채 ······················· 1개분
붉은고추채 ··········· 1/4개분

만드는 법

1. 홍어는 내장을 제거하고 깨끗이 씻어서 하루 정도 채반에 밭쳐 말린다.
2. 꾸득뚜득 마른 홍어는 적당한 크기로 잘라 소금과 후춧가루, 청주, 양파즙, 무즙, 생강즙에 재워 두었다가 팬에 식용유와 들기름을 두르고 앞뒤를 지져 찜할 그릇에 담고 양념장을 끼얹어 찜통에 찐다. (중간 중간 양념장을 끼얹어 가며 찜한다)
3. 고명으로 얹을 팽이버섯은 3cm 길이로 썰고, 곱게 채썬 밤, 석이버섯, 붉은고추채와 함께 섞어 찹쌀가루를 넣고 살짝 버무린 후 쫄깃하게 쪄진 홍어찜 위에 고루 뿌려 다시 한김 윤기나게 쪄낸다.

04 꽃게볶음

재료목록

꽃게 2마리
건고추 2개
소금 1/4작은술
마늘 2쪽
후춧가루 적량
생강 1쪽
청주 1큰술
실파 20g
녹말가루 5큰술
참기름 1작은술
튀김기름 적량

▣ 양념장
간장 2큰술
청주 1큰술
설탕 1큰술

만드는 법

1. 게는 솔을 이용하여 깨끗이 씻어 물기를 뺀 후 등딱지를 떼고 먹기 좋은 크기로 토막내어 소금, 후춧가루, 청주로 밑간을 해둔다.
2. 간이 든 게는 녹말가루를 묻혀 170℃의 튀김기름에 노르스름하고 바삭하게 튀겨낸다.
3. 마늘, 생강은 얇게 편으로 썰고, 실파는 3cm 길이, 건고추는 어슷 썬다.
4. 팬에 기름을 두르고 마늘, 생강, 건고추를 넣어 볶다가 매콤한 향이 나면 양념장을 넣고 살짝 볶으면서 튀긴 게를 넣어 맛이 배도록 뒤적이며 볶는다.
5. 마지막에 실파를 넣고 참기름으로 향을 낸다.

05 곱창전골

재료목록

곱창 ········ 200g
양 ········ 150g
소고기(양지육) ········ 100g
무 ········ 70g
배추 ········ 2장
호박 ········ 1/2개
만가닥버섯 ········ 80g
표고버섯 ········ 3장
실파 ········ 30g
깻잎 ········ 1묶음
쑥갓 ········ 20g
당근 ········ 70g
붉은고추 ········ 2개
소금 ········ 적량
밀가루 ········ 1/4컵

▣ 곱창 삶는 재료

대파 ········ 1대
통마늘 ········ 6쪽
통후추 ········ 5알
생강 ········ 1쪽
청주 ········ 3큰술
무 ········ 50g
양파 ········ 1/4개
건고추 ········ 1개
황기 ········ 10g

▣ 양념장

고춧가루 ········ 3큰술
다진마늘 ········ 1/2큰술
양파즙, 다진파,
청주 ········ 각 1큰술
육수 ········ 3큰술
다진생강 ········ 1/2작은술
소금, 후춧가루 ········ 각 적량
국간장 ········ 2작은술
고추장, 진간장 ·· 각 1작은술

만드는 법

1. 양은 끓는 물에 살짝 담갔다 건져 숟가락으로 검은 부분을 긁어내고, 곱창은 기름을 떼어내고, 소금을 넣어 바락바락 주물러 씻어낸 후, 밀가루를 넣고 다시 주물러서 흐르는 물에 여러 번 씻어 준비한다.
2. 냄비에 곱창 삶는 재료와 손질된 양, 곱창, 소고기를 넣고 푹 삶는다. (양과 곱창은 젓가락으로 찔러봐서 푹 들어갈 정도로 삶고, 소고기는 양과 곱창보다 미리 건진다)
3. 충분히 삶은 양과 곱창, 소고기는 한입 크기로 썰고 육수는 면보에 거른다.
4. 당근과 무, 호박은 5cm 길이로 얇게 썰고 실파와 깻잎도 같은 길이로 썬다. 배추는 적당한 길이로 반 갈라 썰고 표고버섯은 불려서 기둥을 떼고 채썬다. 붉은고추는 적당한 길이로 반 나누어 씨를 털어내고 채썬다.
5. 고춧가루에 육수와 그 외 재료를 분량대로 섞어 양념장을 만든다.
6. 전골냄비에 준비된 채소를 돌려담고 가운데 양과 곱창, 소고기를 담은 후 소금과 국간장, 진간장으로 간을 한 육수를 붓고 양념장을 풀어 끓인다.

06 고추물김치

재료목록

고추	400g
마늘	6쪽
생강	1쪽
굵은 소금	4큰술
밤	3개
양파	1/2개
영양부추	80g
청고추	2개
배	1/6개
무	50g

▣ 배가른 고추절임

양파즙	2큰술
설탕	1큰술
소금	1/2큰술

▣ 고추 속 양념

소금	적량
까나리액젓	1큰술
설탕	1작은술

▣ 국물 만들기

물	6컵
찹쌀풀	3큰술
양파즙	3큰술
마늘즙	1큰술
생강즙	1작은술
설탕	1큰술
소금	적량

만드는 법

1. 고추는 꼭지를 다듬고 굵은 소금을 뿌려 1시간 30분 정도 절였다가 씻어서 고추의 배를 가른 뒤 양파즙, 설탕, 소금에 버무려 30분 가량 둔다.
2. 밤과 배, 생강, 마늘, 청고추, 양파, 무는 2cm 길이로 곱게 채썰고 영양부추는 2cm 길이로 썰어 고추 속을 준비한다.
3. 고추 속이 준비되면 소금, 설탕, 까나리액젓을 넣어 무친다.
4. 절여진 고추에 준비된 속를 채워 넣는다.
5. 물 6컵에 찹쌀풀과 양파즙, 마늘즙, 생강즙, 설탕, 소금을 넣고 김치국물을 만든다.
6. 항아리속에 속채운 고추를 가지런히 담고 무거운 돌로 4시간 가량 눌러 놓은 뒤 국물을 부어 익힌다.

07 무구절쌈

재료목록

- 무 1/2개
- 소고기 80g
- 오이 1개
- 오징어 1/2마리
- 무순 10g
- 달걀 2개
- 표고버섯 4장
- 붉은고추 2개
- 죽순 100g
- 새우 10마리
- 소금, 후춧가루 각 적량

▣ 무절임

- 물 1컵
- 소금 적량
- 식초 6큰술
- 설탕 5큰술
- 레몬즙 1큰술

▣ 소고기, 표고버섯 양념장

- 간장 2작은술
- 설탕 1작은술
- 다진파 1/2작은술
- 다진마늘 1/4작은술
- 깨소금 1/4작은술
- 참기름 적량
- 후춧가루 적량

만드는 법

1. 무는 얇게 썰어 무절임에 30분 정도 담가서 새콤 달콤하게 절였다가 간이 배면 물기를 짠다.
2. 달걀은 황 · 백지단을 부쳐 채썰고, 오이는 채썰어 소금에 절인 후 꼭 짜서 볶는다.
3. 오징어는 껍질을 벗기고 안쪽으로 칼집을 내서 끓는 물에 데쳐 낸다.
4. 소고기와 표고버섯은 채썰어 양념하여 볶아낸다.
5. 죽순은 끓는 물에 데쳐 채썬 후 팬에 볶으면서 소금 간을 한다.
6. 새우는 내장을 제거하고 끓는 물에 데쳐서 식힌 후 껍질을 벗기고 반으로 가른다.
7. 구절판이나 넓은 접시에 무를 제외한 재료를 돌려담고 가운데 초절이한 무를 담는다. 이때 무와 무 사이가 달라붙지 않게 붉은고추를 얇게 썰어 놓아준다.

08 아귀찜

재료목록

아귀	1마리
미더덕	150g
대파	2대
콩나물	300g
미나리	1/3단
풋고추	1개
붉은고추	1개
다진마늘	1큰술
다진생강	1/2작은술
육수	1컵
녹말가루	2큰술
식용유	2큰술
소금	적량
참기름	2작은술
된장	2작은술

▣ 양념장

고추가루	4큰술
육수	3큰술
소금	적량
다진마늘	2큰술
청주	1큰술
양파즙	1큰술
국간장	1/2큰술
진간장	1/2큰술
생강즙	1작은술
후춧가루	1/4작은술

▣ 와사비장

멸치국물	3큰술
간장	2큰술
와사비	1작은술

만드는 법

1. 아귀는 깨끗이 씻어서 토막친 후 물기를 빼고 소금을 뿌려 놓는다.
2. 준비된 아귀는 끓는 물에 된장을 조금 풀고 살짝 데쳐 놓는다.
3. 콩나물은 머리를 떼고 풋고추와 붉은고추는 어슷썬다. 대파는 적당한 길이로 반 갈라 미나리와 같이 7cm 길이로 썬다.
4. 냄비에 기름을 두르고 다진마늘과 다진생강을 넣어 향을 내고 데쳐낸 아귀를 넣어 볶다가 양념장의 반을 넣고 뒤적거린 후 육수를 붓고 한소끔 끓인다.
5. 한소끔 끓은 아귀에 미더덕과 콩나물, 풋고추, 붉은고추를 넣고 나머지 양념장을 넣어 다시 한번 끓이면서 미나리와 대파를 넣고 뒤적거린다.
6. 5에 간을 맞춘 뒤 녹말물을 넣어 고루 섞고 참기름을 넣어 마무리한다. 와사비장을 만들어 곁들인다.

09 영양밥

재료목록

쌀	3컵
대추	5개
밤	3개
수삼	2뿌리
단호박	50g
잣	1작은술
표고버섯	2장
죽순	80g
은행	8알
강낭콩	20g
육수	3컵
식용유	1큰술
소금	1작은술
청주	1큰술

▣ 양념장

간장	2큰술
설탕	1/4작은술
고춧가루	1/2작은술
깨소금	1작은술
다진파	1작은술
참기름	1작은술
다진마늘	1/2작은술

만드는 법

1. 쌀은 씻어서 1시간 정도로 불린 후 체에 밭쳐 물기를 뺀다.
2. 밤은 4등분하고 대추는 돌려깎기하여 표고버섯, 단호박과 함께 은행 크기로 썬다. 죽순은 빗살을 살려 썰고 수삼은 어슷썬다.
3. 냄비에 식용유를 두르고 밤, 표고버섯, 대추, 단호박, 죽순, 강낭콩, 수삼 순으로 볶으면서 불린 쌀을 넣고 함께 볶은 후 육수와 소금, 청주를 넣어 뒤적거린 뒤 밥을 짓는다.
4. 영양밥이 완성되면 은행과 잣을 넣고 가볍게 고루 섞어 그릇에 담고 양념장을 곁들여 먹는다.

10 소라초

재료목록

참소라 5개
소금 적량
청주 1큰술
은행, 잣, 실고추, 석이버섯, 양배추채 각 적량

▣ 조림장

다시물 2/3컵
간장 2큰술
물엿 1작은술
설탕 2작은술
청주 1큰술
생강즙 1작은술
후춧가루 적량
물녹말 1작은술
참기름 1/4작은술

만드는 법

1. 소라는 내장을 제거하고 깨끗이 씻어 끓는 물에 소금과 청주를 넣고 데쳐서 도톰하게 저며 썬다.
2. 도톰하게 저민 살에 가로, 세로로 잔칼집을 넣어 준다.
3. 냄비에 물녹말과 참기름을 뺀 조림장 양념을 담고 반이 되도록 끓이다가 준비된 소라를 넣고 조린다.
4. 국물이 어느 정도 조려지면 물녹말과 참기름을 넣어 센불에서 뒤적이며 윤기나게 조린다.
5. 소라 껍질은 깨끗이 씻어서 엎어둔 후, 물기가 빠지면 양배추채로 속을 채우고 윤기나게 조린 소라를 가지런히 얹는다.
6. 소라 위에 은행과 잣, 실고추, 석이버섯채로 장식한다.

11 쌈장

재료목록

소고기 ······ 100g
멸치국물 ······ 1컵
표고버섯 ······ 3장
양파 ······ 1/4개
대파 ······ 1대
두부 ······ 1/4모
마늘 ······ 3쪽
참기름 ······ 1작은술
풋고추 ······ 1개
붉은고추 ······ 1개

▣ 소고기 밑간

맛술 ······ 2작은술
간장 ······ 2작은술
후춧가루 ······ 적량

▣ 양념된장

된장 ······ 2큰술
고추장 ······ 1/2큰술
다진마늘 ······ 1큰술
맛술 ······ 2큰술
고춧가루 ······ 1작은술

만드는 법

1. 소고기는 기름기와 힘줄이 있는 부분을 골라 내고 채를 썰어 맛술, 간장, 후춧가루 등으로 밑간을 한다.
2. 표고버섯은 곱게 채를 썰고, 대파와 양파는 굵게 다진다.
3. 풋고추, 붉은고추는 반으로 갈라 씨를 털어내어 굵게 다지고 두부는 사방 1cm로 썬다.
4. 뚝배기에 참기름을 두르고 밑간한 소고기를 볶다가 채소와 양념된장을 넣어 버무린 후, 멸치국물을 붓고 중불에서 뭉근히 끓인다.
5. 국물을 바특하게 끓이고 기호에 따라 두부를 넣어 다시 한번 끓여 준다.

12 황태구이

재료목록

북어(황태)	2마리
녹말가루	4큰술
식용유	2큰술

▣ 북어 밑간

소금	1/4작은술
간장	1/2작은술
양파즙	1큰술
콩가루	1큰술
육수	1/4컵
참기름	1작은술
들기름	1작은술
후춧가루	적량

▣ 북어구이 양념장

고추장	2큰술
고춧가루	1/2큰술
고추기름	1/2큰술
간장	1작은술
소금	적량
설탕	1작은술
물엿	1큰술
맛술	1큰술
마늘즙	1작은술
생강즙	1/4작은술
후춧가루	적량

만드는 법

1. 황태는 쌀뜨물에 살짝 적신 후 젖은 면보에 감싸 촉촉하게 되면, 머리를 떼고 뼈를 발라낸 후 넓은 그릇에 소금, 간장, 양파즙, 육수, 콩가루, 들기름, 참기름, 후춧가루를 넣고 한데 섞어서 정리된 북어를 넣어 촉촉하게 밑간을 해둔다.
2. 고추장에 분량의 재료를 넣고 잘 혼합하여 북어 양념장을 만든다.
3. 황태에 간이 들면 꼭꼭 눌러 물기를 빼고 녹말가루를 묻혀 팬에 기름을 두르고 앞뒤를 반 정도 지져내어 식으면 양념장에 재워두었다가 팬이나 석쇠를 이용하여 구워 먹는다.

13 장어볶음

재료목록

장어 ········· 2마리
죽순 ········· 80g
청주 ········· 5큰술
풋고추 ········· 1개씩
소금 ········· 적량
붉은고추 ········· 1개씩
후춧가루 ········· 적량
느타리버섯 ········· 50g
양파즙 ········· 2큰술
생강 ········· 10g
들기름 ········· 1작은술
튀김기름 ········· 적량
메실주 ········· 1큰술
녹말가루 ········· 적량

▣ 양념장

육수 ········· 1/4컵
간장 ········· 2큰술
설탕 ········· 1/2작은술
꿀 ········· 1/2작은술
녹말가루 ········· 1/4작은술
고추기름 ········· 1큰술
토마토케첩 ········· 2작은술

만드는 법

1. 장어를 반으로 가른 다음 뼈를 발라내고 등쪽에 미끈거리는 것은 칼날로 긁어 낸 후 종이 타월에 청주를 묻혀서 닦아낸다. 이때 핏기가 남아 있지 않도록 깨끗이 닦아낸다.
2. 손질된 장어는 껍질 쪽에 잔잔하게 칼집을 내고 5cm 길이로 토막 내어 양파즙, 들기름, 메실주, 소금, 후춧가루에 재운다.
3. 밑간된 장어는 수분을 제거하고 녹말가루를 묻혀 170℃의 튀김기름에 80% 정도 튀겨낸다.
4. 죽순은 끓는 물에 데쳐 빗살 무늬로 썰고 느타리버섯은 데쳐서 적당한 크기로 찢는다. 풋고추와 붉은고추는 어슷썰어 씨를 털어둔다. 생강은 채썰어서 냉수에 조물조물 주물러 물기를 꼭짜서 준비한다.
5. 팬에 기름을 두르고 준비된 채소를 볶으면서 소금, 후춧가루로 약하게 간한다.
6. 팬에 양념장을 넣고 살짝 끓이다가 튀겨둔 장어를 넣고 볶는다. 장어에 간이 배면 볶아둔 채소를 넣고 다시 한번 살짝 볶아 접시에 담고 채썬 생강을 얹어낸다.

14 전복죽

재료목록

불린 쌀	1/2컵
전복	2마리
물	3컵
참기름	2작은술
메추리알 노른자	1개
소금	적량
김	1/4장
실파	2뿌리
흑임자	적량

만드는 법

1. 쌀을 씻어 2시간 이상 충분히 불린 뒤, 체에 건져 물기를 빼고 싸라기 정도로 부순다.
2. 전복은 고운 솔로 깨끗이 문질러 씻은 뒤, 껍데기가 얇은 쪽으로 수저를 넣어 살을 떼어낸다.
3. 내장은 터지지 않도록 조심스럽게 떼어내고 살은 저며썬다. 떼어낸 내장은 흐르는 물에 씻어 잘게 다져 죽을 끓일 때 넣으면 향이 좋으나 검어지므로 깨끗하게 죽을 쑤려면 살만 넣고 끓인다.
4. 냄비에 참기름을 두르고 전복을 넣어 볶다가 쌀을 넣고 잠시 더 볶아준 후 물을 부어 끓인다.
5. 죽이 끓어 오르면 불을 약하게 하고, 나무주걱으로 가끔씩 저어주면서 잘 어우러지게 끓인다. 쌀이 퍼지도록 충분히 끓인 후 소금으로 간을 하고 그릇에 떠서 메추리알 노른자와 송송 썬 실파, 채썬 김, 흑임자를 올려낸다.

15 감자채튀김과 채소샐러드

재료목록

- 감자 ······ 3개
- 고구마 ······ 1개
- 소금 ······ 2작은술
- 튀김기름 ······ 적량
- 양상추 ······ 3장
- 무순 ······ 20g
- 오이 ······ 1/2개
- 겨자잎 ······ 4장
- 레디쉬 ······ 4알
- 팽이버섯 ······ 1/2봉지
- 체리토마토 ······ 1개
- 새우 ······ 6마리
- 통깨 ······ 적량
- 청주 ······ 적량

▣ 채소 담금물

- 얼음물 ······ 4컵
- 식초 ······ 3큰술
- 설탕 ······ 4큰술
- 파인애플 주스 ······ 3큰술

▣ 드레싱

- 간장 ······ 1큰술
- 식초 ······ 3큰술
- 레몬즙 ······ 1큰술
- 설탕 ······ 2큰술
- 마요네즈 ······ 6큰술
- 우유 ······ 2큰술
- 소금 ······ 1/2작은술
- 올리브오일 ······ 2큰술
- 참기름 ······ 1/3작은술
- 마늘(다진 것) ······ 1/2작은술
- 사과즙 ······ 1/2개분
- 땅콩버터 ······ 1큰술

만드는 법

1. 감자와 고구마는 곱게 채썬 후 물에 담가 두 손으로 비벼서 녹말기를 뺀 후 물을 갈아서 소금을 넣고 다시 한 번 비벼서 소금간이 들도록 준비하고 체에 밭쳐 물기를 뺀다.
2. 감자와 고구마채의 수분이 제거되면 160℃의 기름에 노릇하게 튀겨 낸다.
3. 양상추, 겨자잎, 오이는 채썰고, 레디쉬는 동글동글 썬다.
4. 새우는 내장을 제거한 후 끓는 물에 소금, 청주를 넣고 데쳐서 식으면 껍질을 벗기고 반으로 가른다.
5. 준비한 채소는 채소 담금물에 담갔다가 건져 물기를 뺀다.
6. 드레싱은 분량의 재료를 잘 섞어 만든다.
7. 물기제거한 채소와 새우를 그릇에 담고 튀긴 감자, 고구마채를 접시 가장자리에 돌려 담는다.
8. 나눔접시에 준비된 샐러드를 조금씩 덜어 담고, 위에 소스를 얹어 먹는다.

16 꽃게장

재료목록

꽃게 3마리

▣ 꽃게장

진간장	1컵
국간장	1/3컵
청주	1/3컵
감초	1쪽
통후추	1/2작은술
생강	30g
설탕	1작은술
다시마물	3컵
건고추	3개
마늘	5쪽
대파	1대

만드는 법

1. 꽃게는 살이 통통하고 노란 알이 꽉찬 것을 골라 깨끗이 손질한 다음 씻어 물기를 빼둔다.
2. 냄비에 진간장, 국간장, 청주, 감초, 생강, 통후추, 설탕, 다시마물, 건고추, 마늘, 대파를 넣고 약한 불에서 달인다.
3. 잘 달여진 간장물을 식혀 꽃게에 붓고 2일 정도 둔다.
4. 2일 지난 후 간장물을 따라서 다시 끓여 식힌 다음 꽃게에 붓기를 1~2일 간격으로 3회 정도 반복한다.
5. 전 조리과정이 끝나면 냉장고에 보관하여 먹는다.

17 홍어회무침

재료목록

홍어(中) ········· 1마리
무 ········· 200g
오이 ········· 1개
수삼 ········· 1뿌리
소금 ········· 적량
미나리 ········· 70g
배 ········· 1/4개
실파 ········· 50g
도라지 ········· 80g
풋고추 ········· 2개
붉은고추 ········· 2개

▣ 홍어 간
식초 ········· 3큰술
막걸리 ········· 4큰술
사이다 ········· 2큰술
레몬즙 ········· 1작은술
생강즙 ········· 1/2작은술

▣ 무절임
식초 ········· 4큰술
설탕 ········· 2큰술
소금 ········· 1/2작은술

▣ 양념장
고춧가루 ········· 4큰술
고추장 ········· 1큰술
식초 ········· 3큰술
설탕 ········· 2큰술
물엿 ········· 1큰술
청주 ········· 1큰술
양파즙 ········· 2큰술
소금 ········· 적량
다진마늘 ········· 1큰술
생강즙 ········· 1/2큰술
깨소금 ········· 1/2큰술
후춧가루 ········· 1/4작은술

만드는 법

1. 홍어는 내장과 꼬리를 제거한 다음 껍질을 벗기고 결 반대 방향으로 5cm 정도 길이로 도톰하게 썬다.
2. 홍어살은 식초와 막걸리, 사이다, 레몬즙, 생강즙에 재운 뒤 꼭 짜서 준비한다.
3. 양념장은 분량대로 섞어서 미리 불려 놓는다.
4. 무는 0.5cm×0.5cm×5cm로 도톰하게 썰어 식초, 설탕, 소금에 절이고 오이는 5cm 길이로 잘라서 삼각썰기한 후, 무와 같은 크기로 썰어 소금에 절였다 꼭 짠다. 통도라지는 오이와 같은 크기로 썰어 소금을 넣고 주물러 쓴맛을 뺀 후 물에 헹구어 물기를 꼭 짠다.
5. 실파와 미나리는 5cm 길이로 썰고 풋고추, 붉은고추는 어슷썰어 씨를 털어둔다. 배와 수삼은 먹기 좋게 채썬다.
6. 홍어는 준비된 무, 오이, 도라지와 함께 양념장에 미리 무쳐 두고 생채소(수삼, 실파, 미나리, 배, 풋 · 붉은고추)는 나중에 넣어 버무린다.

18 모듬젓갈

재료목록

▣ 명란젓

명란	600g
고춧가루	3큰술
다진마늘	2큰술
소금	4큰술

▣ 오징어젓

물오징어	1kg
소금	1/2컵
물엿	1/4컵
양파즙	1/4컵
다진마늘	2큰술
다진생강	2작은술
고춧가루	1/2컵

만드는 법

▣ 명란젓

1. 명란은 싱싱하고 알이 터지지 않은 것을 골라 소금물에 살살 헹궈 채반에 놓아 물을 뺀 다음 고춧가루, 마늘, 소금을 같이 섞어서 명란에 바른다.
2. 조그마한 항아리에 양념 바른 명란을 차곡차곡 담고, 그 위에 소금을 두껍게 뿌려 살짝 눌러 놓았다가 며칠 뒤에 꺼내 먹는다.

▣ 오징어젓

1. 물오징어는 내장을 제거하고 깨끗이 씻어 그늘에 하루 정도 말려서 껍질을 벗긴 후 채썬다.
2. 채썬 오징어는 소금을 뿌려 실온에서 6시간 절인 후 물엿을 넣고 버무려서 냉장고에 3~4일 정도 두었다가 체에 밭쳐 물기를 뺀다.
3. 고춧가루에 양파즙과 나머지 양념을 섞은 후 오징어를 넣어 무친다음 실온에서 하루 정도 두었다가 냉장고에 보관한다.
4. 일주일 정도 지나면 갖은 양념을 하여 먹는다.

19 수삼튀김

재료목록

수삼(小)	6개
대추	6개
꽈리고추	3개
단호박	80g
밀가루	1/4컵
튀김기름	적량

▣ 튀김반죽

튀김가루	1/2컵
얼음물	1컵
달걀	노른자 1개
밀가루(박력분)	1/2컵

▣ 튀김장

간장	2큰술
식초	2작은술
무즙	2큰술
설탕	1/4작은술
실파(송송썬 것)	1작은술

만드는 법

1. 수삼은 꼭지를 떼내고 깨끗이 씻어 물기를 제거한다. 대추는 물에 살짝 축여서 돌려깎기 한 후 수삼에 말아 준비한다.
2. 꽈리고추는 군데군데 구멍을 내주고 단호박은 얇게 편썰기 한다.
3. 튀김옷 만들기 : 넓은 볼에 달걀 노른자 1개와 얼음물을 넣고 잘 섞은 후 밀가루와 튀김가루를 한데 섞어 체에 내려 혼합한다. (이때 반죽을 젓지 말고 젓가락으로 가볍게 혼합한다)
4. 준비된 튀김 내용물에 밀가루를 묻히고 반죽을 입혀 170℃의 튀김기름에 바삭하게 튀겨낸다.
5. 튀겨낸 튀김은 기름을 완전히 빼고 접시에 공기가 통하도록 세워서 담고 튀김장을 곁들인다.

20 석화초회

재료목록

석화, 장식할 채소, 레몬, 얼음 ········ 각 적량

▣ 초고추장

고추장	3큰술
고춧가루	2작은술
식초	3큰술
레몬즙	1/2큰술
설탕	2큰술
사이다	1작은술
청주	1작은술
물엿	1작은술
후춧가루	적량
다진마늘	1/2큰술
생강즙	1/4작은술
깨소금	2작은술
와사비 갠 것	1/2작은술

만드는 법

1. 석화는 소금물에 살짝 씻은 후 엎어서 물기를 빼준다.
2. 장식할 채소들은 씻어서 준비하고 고추장에 분량의 재료를 섞어 초고추장을 만든다.
3. 접시에 얼음과 장식할 채소를 깔고 물기 빠진 석화를 놓은 후 초고추장을 얹어낸다.

21 쟁반국수

재료목록

- 메밀국수 ······ 100g
- 적채 ······ 50g
- 배 ······ 1/4개
- 무 ······ 120g
- 오이 ······ 1/2개
- 깻잎 ······ 10장
- 무순 ······ 50g
- 닭 ······ 1/4쪽
- 양상추 ······ 4장
- 달걀 ······ 2개
- 건포도 ······ 적량
- 땅콩 ······ 적량

▣ 닭 삶을 때 넣기

- 대파 ······ 1/2대
- 마늘 ······ 3쪽
- 통후추 ······ 3알

▣ 무초절임

- 식초 ······ 2큰술
- 설탕 ······ 1큰술
- 소금 ······ 1/3작은술

▣ 양념장

- 닭육수 ······ 1컵
- 겨자 ······ 1작은술
- 간장 ······ 4큰술
- 소금 ······ 2작은술
- 식초 ······ 4큰술
- 설탕 ······ 4큰술
- 참기름 ······ 1작은술
- 통깨 ······ 1작은술
- 고춧가루 ······ 4큰술
- 후춧가루 ······ 적량
- 다진마늘 ······ 1큰술

만드는 법

1. 냄비에 물을 붓고 닭과 대파, 마늘, 통후추 등을 넣어 푹 삶은 뒤 육수는 면보에 거르고 살은 건져서 식으면 결대로 쭉쭉 찢어 놓는다.
2. 무는 납작납작 썰어서 식초, 설탕, 소금에 절였다 꼭 짜고 오이와 배도 5cm 길이로 납작납작 썬다.
3. 적채, 양상추, 깻잎은 채썬 후 냉수에 담갔다 빼서 준비한다.
4. 달걀은 완숙이 되게 삶아 껍질을 벗기고 절단기를 이용하여 자른다.
5. 끓는 물에 메밀면을 쫄깃하게 삶아낸 다음 찬물에 여러 번 헹구어 물기를 빼고 식초, 설탕, 참기름을 약간 넣어 무쳐서 작게 사리를 틀어 준비한다.
6. 닭육수를 식힌 것에 분량의 재료를 넣고 잘 섞어 양념장을 만든다.
7. 넓은 접시에 각 재료와 면을 모양을 내어 담고 양념장을 곁들여 낸다. 기호에 알맞게 땅콩 다진것이나 건포도를 넣어도 좋다.

22 잡채

재료목록

당면	200g
새우	100g
소고기	80g
세발낙지	1마리
느타리버섯	100g
대파	1/2대
도라지	80g
오이	1개
붉은고추	1개
건표고버섯	3장
소금	적량
식용유	적량
참기름	적량

▣ 당면 양념

들기름	1작은술
간장	1작은술
설탕	1/2작은술

▣ 소고기, 표고버섯 양념장

간장	2작은술
설탕	1/2작은술
다진파	1/4작은술
다진마늘	적량
깨소금	적량
참기름	적량
후춧가루	적량

▣ 잡채 전체 양념장

간장	2큰술
설탕	1/2큰술
다진마늘	1작은술
깨소금	2작은술
참기름	1/2큰술
후춧가루	적량

만드는 법

1. 당면은 물에 잠깐 불렸다가 끓는 물에 삶아서 찬물에 헹구지 않고 바로 체에 밭쳐 물기를 뺀 후 뜨거운 채로 들기름, 간장, 설탕을 넣고 무쳐서 체에 밭쳐둔다.
2. 새우는 내장을 제거하고, 낙지는 손질하여 끓는 물에 소금을 넣고 각각 데쳐내고 새우는 껍질을 벗겨 반으로 가르고 낙지는 5cm 길이로 썬다.
3. 소고기와 표고버섯은 채썰어서 양념장에 각각 무쳐 볶아낸다.
4. 느타리버섯은 끓는 물에 데쳐서 물기를 꼭 짜고 굵게 찢어 소금과 참기름으로 무친 후 팬에 볶아낸다.
5. 오이는 5cm 길이로 잘라 돌려깎기하여 채썬 뒤 소금에 절였다 꼭 짜고 도라지는 가늘게 찢어 소금에 주물러 씻은 후 팬에 각각 볶아낸다.
6. 붉은고추와 대파는 5cm 길이로 잘라 채썬 후 팬에 기름을 두르고 볶아낸다.
7. 1의 당면에 잡채 전체 양념장의 일부를 넣고 무친 후 준비된 나머지 재료와 남은 양념을 넣고 다시 고루 무친다. 전체적으로 간이 맞으면 마지막에 참기름을 넣고 무쳐 상에 낸다.

23 떡갈비

재료목록

소갈비	1근
표고버섯	1장
마늘	1쪽
양파	1/2개
식용유	적량

▣ 소갈비 양념장

찹쌀가루	3큰술
소금, 후춧가루	적량
꿀, 참기름	각 1작은술
배즙	1큰술

▣ 소

잣	1작은술
대추채	3개분
밤채	2개분
육수	1큰술
간장	1작은술
참기름	1작은술

▣ 떡갈비 구이장

간장	1큰술
청주	1큰술
꿀	1작은술
후춧가루	적량
참기름	적량

▣ 고명

대추, 잣	적량

만드는 법

1. 표고버섯, 마늘, 양파는 곱게 다진 후 팬에 기름을 소량 두르고 볶아서 식힌다.
2. 소갈비는 기름기를 제거하고 살만 곱게 다진 후 볶아서 식힌 1의 재료와 소갈비 양념장을 넣고 잘 섞어 치대어 둔다.
3. 대추채, 밤채는 육수와 간장, 참기름을 넣고 볶아서 잣과 함께 섞어 소로 준비하고, 떡갈비 구이장은 한데 섞어 준비한다.
4. 양념된 갈비살을 원형이나 타원형으로 빚어 3의 소를 적당히 넣고 오무려서 모양을 잡아, 기름 바른 석쇠에 굽는다.
5. 떡갈비의 표면이 살짝 익으면 떡갈비 구이장을 붓을 사용하여 발라가며 구워내고 고명을 얹는다.

24 닭고기고추장케찹조림

재료목록

닭 ······ 500~600g
소금 ······ 1/2작은술
간장 ······ 1작은술
후춧가루 ······ 적량
양파즙 ······ 2큰술
녹말가루 ······ 적량
청주 ······ 1큰술
통깨 ······ 1작은술
튀김기름 ······ 적량

▣ 양념장

물 ······ 1큰술
고추장 ······ 2큰술
토마토 케첩 ······ 1큰술
양파즙 ······ 1큰술
고추기름 ······ 1작은술
물엿 ······ 2큰술
청주 ······ 1큰술
간장 ······ 1작은술
설탕 ······ 2큰술
맛술 ······ 2큰술
생강즙 ······ 1/4작은술
다진마늘 ······ 1/2큰술
계핏가루 ······ 1/2작은술

만드는 법

1. 닭은 깨끗이 손질한 후 한입크기로 썰어 소금, 간장, 후춧가루, 양파즙, 청주로 밑간하여 30분 정도 재운다.
2. 밑간이 된 닭은 물기를 제거하고 녹말가루를 묻혀 170℃의 튀김기름에 바삭하게 2번 튀긴다.
3. 팬에 양념장 재료를 넣고 살짝 끓이다가 튀긴 닭을 넣고 버무려낸다.

25 차돌박이구이와 채소무침

재료목록

- 차돌박이 ··· 200g
- 영양부추 ··· 70g
- 배 ··· 70g
- 밤 ··· 2개
- 배추속대 ··· 2장
- 비트 ··· 30g
- 수삼 ··· 1/2뿌리

▣ 채소 양념장

- 간장 ··· 1작은술
- 까나리 액젓 ··· 1/2큰술
- 고춧가루 ··· 1/2큰술
- 다진마늘 ··· 1작은술
- 설탕 ··· 1작은술
- 소금 ··· 적량

▣ 고기 양념장

- 간장 ··· 1/2큰술
- 무즙 ··· 1작은술
- 배즙 ··· 1작은술
- 꿀 ··· 1/4작은술
- 설탕 ··· 1/4작은술
- 후춧가루 ··· 적량

만드는 법

1. 차돌박이는 접시에 가지런하게 펴 놓은 후 고기양념장을 만들어 차돌박이 하나하나 위에 손을 이용해 양념장을 발라 놓는다.
2. 고기가 녹기 전에 팬을 달궈 2~3장씩 빠르게 지져 낸다.
3. 영양부추, 배, 수삼, 배추, 비트, 밤은 3cm 길이로 채썬다.
4. 준비된 채소는 양념장에 살살 무친다.
5. 접시 바깥쪽으로 차돌박이를 돌려 담고 안쪽에는 채소무침을 소복히 올린다.
6. 구워진 차돌박이에 채소무침을 싸서 먹는다.

26 식혜

재료목록

엿기름	4컵	설탕	3컵
멥쌀	5컵	잣	2큰술
물	20컵	생강(또는 유자청)	50g

만드는 법

1. 엿기름에 따뜻한 물을 부어 두었다가 손으로 주물러서 체에 걸러 가라 앉힌다. 엿기름 앙금이 가라 앉으면 맑은 웃물을 가만히 따라 내어 엿기름 물을 준비한다.
2. 멥쌀은 씻어 건져서 고슬고슬하게 찜통에 찐 후 엿기름을 섞고 60~65℃의 온도에서 4~5시간쯤 둔다.
3. 밥알이 4~5개 정도 뜨면 한소끔 끓여 밥알을 건져 찬물에 담가 단맛이 완전히 빠지도록 헹군 후 물기를 뺀다.
4. 밥알을 건져낸 식혜물에 설탕을 넣고 끓이면서 떠오르는 거품을 말끔히 걷어내고 납작납작 썬 생강을 넣어 한소끔 끓여낸다.
5. 식혜국물을 시원하게 식힌 후 그릇에 담고 밥알과 잣을 띄워낸다.

27 꽃게무침

재료목록

꽃게 ········· 3마리
소금 ········· 적량
조림 간장 ········· 2큰술
후춧가루 ········· 적량
풋고추 ········· 2개
붉은고추 ········· 2개
양파 ········· 1개
대파 ········· 1대
양상추 ········· 4장

▣ 조림간장

간장 ········· 4큰술
생강 ········· 1쪽
건고추 ········· 1개
당귀 ········· 5g
설탕 ········· 2큰술
대파 ········· 1/2대
멸치국물 ········· 1/2컵

▣ 양념장

고춧가루 ········· 4큰술
까나리 액젓 ········· 1작은술
조림간장 ········· 1큰술
소금 ········· 적량
물엿 ········· 1큰술
생강즙 ········· 1작은술
양파즙 ········· 1큰술
설탕 ········· 1/2큰술
다진마늘 ········· 1큰술
깨소금 ········· 1작은술
후춧가루 ········· 적량

만드는 법

1. 꽃게는 깨끗이 씻어 물기를 빼고 작은 다리의 끝부분은 손으로 돌려서 떼어낸 후 등딱지를 따고 4등분하여 준비한다.
2. 간장에 분량의 재료를 넣고 반으로 조려 조림간장을 만든다.
3. 꽃게에 소금과 조림간장, 후춧가루를 넣고 1시간 정도 재운 후 체에 밭쳐둔다.
4. 양파는 굵게 썰고, 풋고추 · 붉은고추는 어슷썰어 씨를 제거하고 대파도 어슷썰어 준비한다.
5. 양념장은 모두 섞어서 미리 준비한 다음에 꽃게를 넣고 무친다. 이때 등딱지에 붙어 있는 내장을 긁어내서 함께 무친다.
6. 마지막에 양파, 풋고추, 붉은고추, 대파를 넣고 살짝 버무려 준다.
7. 양상추를 깔고 접시에 담아낸다.

28 닭고기 잣무침

재료목록

닭 ······ 1/2마리
오이 ······ 1개
새우 ······ 3마리
수삼 ······ 2뿌리
죽순 ······ 1/2개
밤 ······ 3개
대추 ······ 5개
레몬 ······ 1쪽
소금, 후춧가루, 식용유 ······ 각 적량

▣ 닭 재움장
청주 ······ 1큰술
마요네즈 ······ 1큰술
소금 ······ 적량
흰후춧가루 ······ 적량

▣ 잣 소스
잣 ······ 1/3컵
식초 ······ 2큰술
설탕 ······ 1/2큰술
간장 ······ 1/4작은술
들깨가루 ······ 2작은술
소금 ······ 적량

만드는 법

1. 닭은 포를 떠서 껍질을 제거하고 소금, 흰 후춧가루, 청주, 마요네즈에 20분 가량 재워 두웠다가 팬에 기름을 두르고 색이 나지 않도록 주의하여 완전히 익힌 후, 식으면 굵직하게 찢어 놓는다.
2. 오이는 적당한 길이로 2등분한 뒤 어슷썰어 소금에 절였다가 꼭 짜고 새우는 내장을 제거하고 끓는 물에 소금과 레몬 1쪽을 넣고 삶아서 껍질을 벗겨 반으로 가른다.
3. 죽순은 끓는 물에 데친 후 빗살 무늬를 살려 썰고 밤은 편으로 썬다.
4. 대추는 돌려깎기하여 3등분하고, 수삼은 손질하여 어슷썬다.
5. 팬에 기름을 두르고 죽순, 수삼, 밤, 오이, 대추 순으로 넣고 볶으면서 소금, 후춧가루로 간을 한다.
6. 잣은 절구에 넣고 곱게 빻은 후 분량의 재료를 넣고 혼합하여 잣소스를 만든다. 넓은 볼에 준비된 닭살, 새우, 오이, 수삼, 죽순, 밤, 대추를 담고 잣소스를 부어 살살 버무린다.

29 LA 갈비구이

재료목록

LA 갈비 ········ 600g
대파 ········ 2대
양파 ········ 1/2개
레디쉬 ········ 1개

▣ 조림장
간장 ········ 1/2컵
물 ········ 2/3컵
대파 ········ 1대
통후추 ········ 5알
양파 ········ 1/4개
마늘 ········ 2쪽
우스터드소스 ········ 1작은술
월계수잎 ········ 1장

▣ 1차 양념
배즙 ········ 3큰술
설탕 ········ 2큰술
청주 ········ 1큰술
키위즙 ········ 1/2큰술

▣ 2차 양념
조림장 ········ 3큰술
양파즙 ········ 2큰술
녹말가루 ········ 1/2작은술
참기름 ········ 1작은술
후춧가루 ········ 적량
통깨 ········ 적량

만드는 법

1. 갈비는 0.7cm 두께로 썰어서 찬물에 담가 핏물을 빼고 체에 밭쳐 물기를 제거한다.
2. 물기를 뺀 갈비는 1차 양념에 1시간 정도 재운다.
3. 조림장은 분량의 재료를 한데 섞어 그 양이 반으로 졸도록 약한 불에서 끓여서 식힌 후 체에 거른다.
4. 조림장이 만들어지면 2차 양념을 만들어 갈비에 부어 재운다.
5. 양파와 파는 채썰어 냉수에 담갔다가 빼서 물기를 제거한 후 접시에 돌려 담고 재워둔 LA 갈비를 구워 담아낸다.

30 라이스 페이퍼 나물쌈

재료목록

라이스 페이퍼 ············ 6장
도라지 ············ 100g
시금치 ············ 100g
달래 ············ 50g
고사리 ············ 50g
소고기 ············ 100g
달걀 ············ 2개
붉은고추 ············ 1개

▣ 소고기 양념
간장 ············ 2작은술
설탕 ············ 1작은술
다진파 ············ 1작은술
다진마늘 ············ 1/2작은술
깨소금, 참기름,
후춧가루 ············ 각 적량

▣ 나물양념
간장 ············ 1작은술
소금 ············ 적량
된장 ············ 1작은술
설탕 ············ 1/4작은술
다진파 ············ 2작은술
다진마늘 ············ 1작은술
참기름 ············ 1작은술
들깨가루 ············ 1/2큰술
깨소금 ············ 1작은술

▣ 장식
오이, 파슬리, 적채, 흑임자
············ 각 적량

만드는 법

1. 도라지는 잘게 찢어서 소금을 넣고 주물러 씻어 쓴맛을 제거한다.
2. 고사리는 끓는 물에 데쳐서 찬 물에 헹군 다음에 5~6cm 길이로 썰고 시금치와 달래는 살짝 데쳐 찬 물에 헹궈 물기를 꼭 짠다.
3. 달걀은 지단을 부쳐 채썰고 붉은 고추는 반으로 갈라 씨를 빼고 채 썬다.
4. 소고기는 채썰어 양념하여 볶는다.
5. 팬에 기름을 두르고 도라지, 고사리, 달래, 시금치, 붉은고추 순으로 소금을 약간 넣어 볶는다.
6. 볶은 나물에 소고기와 나물 양념을 넣어 고루 무친다.
7. 라이스 페이퍼는 뜨거운 물에 잠깐 넣었다가 꺼낸 다음 넓게 펴고, 준비한 나물볶음과 지단채를 얹어 돌돌말아 준 후 어슷하게 2등분하여 그릇에 담고 오이, 파슬리, 적채, 흑임자로 장식한다.

31 불고기쭈꾸미전골

재료목록

소고기	100g	쭈꾸미	100g
밀가루	2큰술	국간장	1작은술
팽이버섯	1/2봉지	느타리버섯	80g
표고버섯	4장	진간장	1작은술
만가닥버섯	50g	소금	적량
실파	30g	▣ 소고기 양념	
양파	1/2개	간장	1/2큰술
미나리	50g	소금	적량
배추	2잎	다진마늘	1작은술
붉은고추	2개	후춧가루	적량
쑥갓	20g	청주	1/2큰술
육수	4~5컵		

만드는 법

1. 소고기는 불고기감으로 준비하여 얇게 썬 후 양념에 재워두고 쭈꾸미는 내장을 제거한 후 밀가루를 넣어 조물조물 주물러서 흐르는 물에 씻어 준비한다.
2. 각종 버섯은 먹기 좋은 크기로 준비하고 실파, 미나리는 5cm 길이로 썰고 양파는 채썬다.
3. 배추는 적당한 길이로 반 나누어 굵은 채로 썰고 붉은고추는 적당한 길이로 반 나누어 씨를 제거하고 채썬다.
4. 육수에 국간장과 진간장, 소금으로 간을 한다.
5. 전골냄비에 준비된 채소를 돌려 담고 가운데 양념된 소고기와 쭈꾸미를 담은 후 육수를 부어 끓인다.

32 국수전골

재료목록

소고기	50g
생면	100g
표고버섯	3장
양송이	5개
팽이버섯	1봉지
쑥갓	20g
깻잎	5장
애호박	80g
풋고추	2개
간장	적량
대파(흰부분)	1대
소금	적량

▣ 국물

다시마	1장
모시조개	70g
건새우	20g
건고추	1개
양파	20g
북어포(황태)	50g
통후추	2알

만드는 법

1. 물 6~7컵에 북어포, 다시마, 모시조개, 건새우, 양파, 건고추, 통후추를 넣고 끓인 다음 면보에 걸러 국물을 준비한다.
2. 소고기는 불고기감으로 준비하고, 표고버섯과 호박, 깻잎은 채썰고 양송이는 4등분한다.
3. 대파는 5cm 길이로 썰어 반으로 나누고 풋고추는 어슷썰어 씨는 빼둔다.
4. 생면은 끓는 물에 살짝 데쳐 준비한다.
5. 전골냄비에 육수를 붓고 소고기를 넣어 끓으면 생면과 풋고추, 깻잎, 버섯, 호박, 대파를 넣고 다시 끓이면서 소금, 간장으로 간을 맞추고 쑥갓, 팽이버섯을 올려 먹는다.

33 돼지갈비볶음

재료목록

돼지갈비	600g
생강	20g
굵은소금	1큰술
대파	1대
마늘	2쪽
토마토	1개
무순	10g
식용유	1큰술

▣ 양념장

간장	3큰술
물	5큰술
식초	1큰술
청주	1큰술
설탕	2큰술
참기름	1작은술
통깨	1/2작은술

만드는 법

1. 돼지갈비는 4cm 길이로 준비하여 기름기를 떼어내고 찬물에 담가 핏물을 뺀 후 굵은 소금을 넣고 주물러 갈비를 연하게 하고 소금기를 씻어낸다.
2. 준비된 돼지갈비는 칼집을 넣은 후 대파, 마늘, 생강 등을 넣고 끓인 물에 데쳐내어 헹군다.
3. 냄비에 기름을 두르고 데쳐낸 갈비를 볶다가 양념장을 붓고 뚜껑을 덮어 서서히 익히면서 볶는다. 갈비에 간이 배면 센불에서 뒤적거리면서 윤기나게 볶는다.
4. 접시에 얇게 썬 토마토를 깔고 볶아낸 돼지갈비를 담은 후 마늘채와 무순을 얹어 함께 낸다.

한식조리기능사 실기시험문제

핵심요약집

대한민국 국가대표 브랜드
국가자격 시험문제 전문출판
에듀크라운 국가자격시험문제 전문출판
최고의 적중률!! 최고의 합격률!!
크라운출판사
국가자격시험문제 전문출판
http://www.crownbook.co.kr

※ 재료들을 자르는 것에 있어서 크기나 길이 등은 요구사항에서 제시되는 것도 있으므로 반드시 시험장에서 제시하는 요구사항과 재료목록을 확인하시기 바랍니다.

01 재료 썰기

25분

밑 준비

01 달걀은 흰자와 노른자로 분리하여 그릇에 깨 넣고 소금을 뿌린 후 나무젓가락으로 걷어 올리듯 끊어 준비한다.

02 오이는 소금으로 비벼 씻은 후 가시를 제거한다.

03 무와 당근은 껍질을 벗겨 준비한다.

재료 썰기

04 무는 두께 0.2cm×0.2cm×5cm로 채 썰고, 당근은 0.2cm×1.5cm×5cm로 골패 썰기한다. 오이는 돌려깎기하여 0.2cm×0.2cm×5cm로 채 썬다.

지단 부치기와 썰기

05 소금을 뿌려둔 흰자와 노른자는 각각 체에 내려서 팬에 기름을 소량 두르고 종이타올로 닦아 팬을 길 들인 뒤 지단을 부쳐 식힌다.

06 지단의 폭이 1.5cm와 길이 12cm가 되도록 황 · 백 각 2줄씩 썰어 한쪽면이 1.5cm가 되도록 완자(마름모꼴) 모양으로 썰어 각각 10개씩 준비한다.

07 남은 지단은 각각 0.2cm×0.2cm×5cm로 채 썬다.

완성하기

08 접시에 무 채, 오이 채, 당근 골패썰기, 황 · 백지단 완자(마름모꼴) 모양 각 10개씩, 황 · 백지단 채를 담아낸다.

02 콩나물밥

30분

쌀 체에 밭치기

01 불려서 나온 쌀을 체에 밭쳐 물기를 뺀다.

재료 손질하기

02 콩나물은 깨끗이 씻어 꼬리를 다듬고 껍질과 상한 부위 등을 깨끗하게 제거한다.

03 소고기는 기름기는 제거하고 결대로 곱게 채썬 다음 소고기 양념 재료를 넣고 양념해 둔다.

밥짓기

04 냄비에 불린 쌀을 담고 그 위에 콩나물을 올린 후, 양념한 소고기를 얹고 적량의 물을 부어 밥을 짓는다. (뜸을 충분히 들여 밥이 잘 퍼지게 한다)

완성하기

05 밥이 다 되면 위, 아래를 가볍게 섞어서 밥을 푼다.

03 비빔밥

30분

밥짓기

01 밥은 질지 않게 고슬고슬하게 지어 놓는다.

재료 손질하기

02 애호박은 돌려깎기한 후 0.3cm×0.3cm×5cm로 채썰어 소금에 살짝 절였다가 면보에 꼭 짠다.

03 도라지는 0.3cm×0.3cm×5cm로 썰어 소금으로 주물러 씻어 쓴맛을 뺀다.

04 고사리는 뻣뻣한 줄기는 잘라내고, 5cm 길이로 잘라 양념장(간장, 깨소금, 참기름, 다진파, 다진마늘)으로 무친다.

05 청포묵은 0.5cm×0.5cm×5cm로 채썰어 끓는 물에 데쳐 식힌 다음 소금, 참기름으로 무친다.

06 소고기 중 일부는 0.3cm×0.3cm×5cm로 채썰어 갖은 양념으로 무치고 나머지 소고기는 곱게 다진 후 양념하여 고추장볶음용으로 쓴다.

07 달걀은 황 · 백으로 나누어 소금을 넣고 잘 저어 거품을 제거시킨다.

재료 볶기

08 팬에 기름을 두르고, 다시마를 튀겨 잘게 부순다.

09 달걀은 황 · 백으로 지단을 얇게 부쳐 채썬다.

10 쓴맛뺀 도라지는 기름에 볶으면서 다진파, 다진마늘, 깨소금, 참기름을 넣고 잘무르도록 볶으면서 소금으로 간을 맞춘다.

11 애호박은 기름을 두르고 살짝 볶으면서 다진파, 다진마늘, 깨소금을 넣어 간 맞추고 양념한 고사리와 소고기는 기름에 볶는다.

12 팬에 기름을 두르고 다진 소고기를 볶으면서 고추장, 설탕, 물, 참기름을 넣어 부드럽게 볶아서 고추장볶음을 만든다.

완성하기

13 그릇에 밥을 담고 그 위에 준비한 재료들을 색을 맞춰 돌려 담은 뒤 다시마 튀각, 고추장볶음, 황 · 백 지단을 얹어 낸다.

04 장국죽

30분

재료 손질하기

01 쌀은 씻어 불린 후 건져서 방망이로 반 정도로 빻아서 싸라기 정도로 부순다.

02 파, 마늘은 곱게 다진다.

03 소고기는 기름기를 제거한 후 곱게 다져주고 표고버섯은 물기를 짠 후 포를 떠서 3cm 길이로 곱게 채썬다.

04 소고기와 표고버섯은 갖은 양념으로 각각 양념한다.

냄비에 끓이기

05 냄비에 참기름을 두른 후, 약한불에서 소고기와 표고버섯을 넣고 볶다가 으깬 쌀을 넣어 충분히 볶는다.

06 쌀 분량의 5~6배의 물을 계량하여 붓고, 은근한 불에서 저어가며 충분히 끓여준다

07 쌀알이 충분히 퍼진 후 국간장으로 죽의 색과 간을 맞춘다.

완성하기

08 죽의 농도를 맞춰준 후 그릇에 담아낸다.

05 완자탕

30분

육수 만들기

01 소고기 사태는 깨끗이 씻어 핏물을 빼고 찬물에 파, 마늘 등과 함께 끓여 맑은장국을 끓인다. (완성된 장국은 면보에 걸러 준비한다)

완자 빚기

02 나머지 소고기는 기름기를 제거한 후 곱게 다지고, 두부는 면보에 싸서 물기를 짠 후 곱게 으깨어 고기와 함께 섞고 갖은 양념을 하여 끈기 있게 치대고 직경 3cm의 완자를 빚는다.

지단 부치기

03 달걀은 황 · 백으로 나누어 반은 지단을 부쳐서 2cm×2cm의 마름모꼴로 썰고, 나머지는 혼합하여 체에 내려 완자용으로 사용한다.

완자 지지기

04 접시에 밀가루를 뿌리고 준비된 완자를 굴려 밀가루를 묻히고 여분의 밀가루는 손 안에서 완자를 흔들어서 털어낸 후 달걀물을 입히고 체에 완자를 받쳐 여분의 달걀물을 뺀 후 팬에 종이 타올을 이용하여 기름을 소량 두르고 달걀물 입힌 완자를 놓고(완자가 굴러갈 수 있도록) 팬을 돌려가며 지져낸다.

완자탕 끓이기

05 육수에 국간장과 소금으로 간을 맞추고 끓으면 불을 줄이고 완자를 넣어 잠시 끓인다.

완성하기

06 완성된 완자탕을 그릇에 담고 황 · 백 지단을 고명으로 띄워 낸다.

06 두부젓국찌개

20분

재료 손질하기

01 굴은 연한 소금물에 흔들어 씻어 굴 껍질을 잘 골라내고 체에 밭쳐둔다.

02 두부는 폭과 길이가 2cm×3cm, 두께 1cm로 썬다.

03 홍고추는 씨와 속을 빼고 0.5cm×3cm로 썰고, 실파는 3cm 정도의 길이로 썬다.

04 마늘은 곱게 다지고, 새우젓은 곱게 다진 후 국물을 짜 놓는다.

끓이기

05 냄비에 물을 알맞게 붓고 소금으로 간을 하여 끓으면 두부를 넣고 잠깐 끓이고 굴과 파를 넣고 홍고추를 넣은 후 새우젓국으로 간을 맞춘다음 불을 끈다.

완성하기

06 실파를 넣고 불을 끈 후 참기름을 조금 떨어뜨려 그릇에 담아낸다.

07 생선찌개

30분

재료 손질하기

01 생선은 비늘을 긁고 지느러미를 떼어 낸후 씻어서 물기를 닦고 머리를 잘라 내장을 제거한다. 몸통은 4~5cm로 토막내고 머리는 아가미를 제거하고 내장도 먹는부분을 고른다.

02 마늘과 생강은 곱게 다진다.

03 무와 두부는 2.5cm×3.5cm×0.8cm로 썰고, 애호박은 0.5cm 두께의 반달 모양으로 썬다.

04 풋고추와 홍고추는 통으로 어슷썰어 씨를 털어내고, 실파는 4cm 길이로 썬다.

05 쑥갓은 손질하여 4cm로 썬다.

끓이기

06 냄비에 물을 넣고 고추장과 소금을 넣어 끓이다가 무를 넣는다.

07 무가 반쯤 익으면 생선을 넣고, 고춧가루를 넣어 끓어오르면 호박, 두부, 풋고추, 홍고추, 생강, 마늘 순서로 넣고 끓이면서 소금으로 간을 맞춘다.

완성하기

08 거품을 걷어내면서 끓이다가 생선 맛이 우러나면 실파, 쑥갓을 넣고 불을 끄고 잠시 기다렸다가 그릇에 조심스럽게 떠 담는다.

08 생선전

25분

재료 손질하기

01 동태는 비늘을 벗기고 지느러미, 내장을 제거한 후 물로 깨끗이 씻고 물기를 닦아 세장 뜨기를 한다.

02 생선의 껍질 쪽을 밑으로 가도록 하여 꼬리 쪽에 칼을 넣어 생선 살을 조금 떠서 껍질을 왼손에 잡고 칼을 서서히 좌, 우로 흔들어가며 앞으로 밀면서 껍질을 벗겨낸다.

03 생선살은 껍질쪽을 도마에 놓고 꼬리쪽부터 가로 5.5cm, 세로 4.5cm, 두께 0.4cm 크기로, 어슷하게 포를 떠서 소금, 흰 후춧가루를 뿌려 밑간을 한다.

완성하기

04 생선의 물기를 닦고 밀가루를 고루 묻히고 여분의 밀가루는 털어낸 후 달걀물을 입혀 기름 두른 팬에서 노릇하게 지져낸다. (이때 뼈쪽에 붙어있던 살면이 팬에 먼저 지져지게 하여 접시에 담을 때는 이 부분이 위로 올라오게 담는다)

09 육원전

20분

재료 손질하기

01 소고기는 기름기를 제거한 후, 살코기만 곱게 다진다.

02 두부는 면보를 이용하여 물기를 꼭 짠 후, 도마에서 칼등으로 곱게 으깨준다.

03 파와 마늘은 곱게 다진다.

04 곱게 다진 소고기와 곱게 으깬 두부를 합한 후 준비한 양념을 넣어 충분히 치대준다.

완자 빚기

05 충분히 치댄 반죽을 일정한 크기로 나눈 후 직경 4.3cm, 두께 0.5cm 정도로 둥글고 납작하게 빚어 가운데를 약간 눌러 완자를 빚는다.

완성하기

06 모양빚은 완자를 밀가루, 달걀물 순서로 묻혀 팬에 기름을 두르고 속까지 잘 익도록 앞뒤로 지져낸다.

10 표고전

20분

재료 손질하기

01 표고버섯은 기둥을 뗀 후, 물기를 꼭 짜고 간장, 설탕, 참기름으로 양념한다.

02 소고기는 힘줄과 기름을 제거하고 곱게 다지고, 두부는 물기를 꼭 짜서 칼등으로 으깬 후 갖은 양념하여 끈기가 나도록 치대어 소를 만든다.

표고버섯 소 넣기

03 표고버섯 안쪽에 밀가루를 뿌리고 속을 꼭꼭 채워 편편하게 만든다.

팬에 지지기

04 소가 들어간 쪽에 밀가루를 묻히고 달걀 푼 것에 담갔다가(이때 소 넣은 쪽만) 팬에 기름을 두르고 은근한 불로 지진 후, 뒤집어 살짝 윗면을 지져낸다.

완성하기

05 완성한 5개의 전을 접시에 담아낸다.

11 섭산적

30분

재료 손질하기

01 소고기는 기름기를 제거한 후 곱게 다지고 두부는 면보에 짠 후 곱게 으깨어 고기와 두부의 비율이 3 : 1이 되게 고루 섞는다.

02 소고기와 두부 섞은 것에 소금, 설탕, 다진파, 다진마늘, 깨소금, 참기름, 후춧가루를 넣고 고루 양념하여 끈기가 나도록 충분히 치대준다.

모양 만들기

03 도마에 기름을 조금 바른 후 양념한 고깃덩어리를 놓고 두께가 0.6cm, 가로×세로 8cm×8cm가 되도록 네모지게 반대기를 짓고 가로, 세로로 잔 칼집을 곱게 넣는다.

잣가루 내기

04 잣은 고깔을 뗀 후 종이 위에 올려 놓고 칼로 곱게 다져준다.

석쇠에 굽기

05 석쇠에 기름을 바르고 달군 다음 고기를 타지 않게 굽는다.

완성하기

06 구운 섭산적을 식힌 후 2cm×2cm 크기로 썰어 접시에 담고, 잣가루를 뿌려낸다.

12 화양적

35분

재료 손질하기

01 소고기는 결의 반대로 두께 0.5cm, 폭 1cm, 길이 7cm로 썰어 앞 · 뒤로 자근자근 두드려 양념장으로 무친다.

02 당근과 통도라지는 두께 0.6cm, 폭 1cm, 길이 6cm가 되게 썰고, 도라지는 소금으로 주물러 쓴맛을 뺀후 끓는 물에 소금을 넣고 데친다.

03 오이는 6cm 길이로 썰어 세 갈래로 잘라 씨부분을 제거한 후 같은 크기로 썰어 소금에 절인 다음 수분을 제거시켜 둔다.

04 표고버섯은 기둥을 떼내고 물기를 꼭 짠 후 같은 크기로 썰어 소금, 참기름으로 양념한다.

05 달걀 노른자는 소금을 넣어 푼 후 체에 걸러 준비한다.

팬에서 볶기

06 달걀 노른자로 황색지단을 만들어 폭 1cm, 두께 0.6cm, 길이 6cm가 되도록 준비한다.

07 당근은 기름에 볶으면서 소금간, 도라지는 참기름으로 볶으면서 소금간, 오이는 참기름에 볶기, 표고버섯은 기름에 볶는다.

꼬치에 꿰기

08 양념에 재운 소고기는 팬에 지져서 1cm×6cm 길이로 썬다.

09 산적꼬치에 재료를 색맞추어 끼우고 꼬치 양쪽이 1cm 정도 남도록 정리한다.

10 잣은 종이를 깔고 곱게 다진다.

완성하기

10 그릇에 완성된 화양적을 담고 잣가루를 뿌려낸다.

13 지짐누름적

35분

재료 손질하기

01 소고기는 결의 반대로 두께 0.5cm, 폭 1cm, 길이 7cm로 썰어 앞뒤로 자근자근 두드려 양념장으로 무치고 표고버섯은 기둥을 떼내고 물기를 꼭 짠 후 썰어 소금, 참기름으로 양념한다.

02 당근은 두께 0.6cm, 폭 1cm, 길이 6cm로 썰고 도라지는 같은 크기로 썰어 소금으로 주물러 쓴맛을 뺀후 끓는 물에 소금을 넣고 데친다.

03 쪽파는 6cm 길이로 잘라 소금, 참기름에 무쳐 놓는다.

04 산적꼬치를 8cm 정도로 다듬어 놓는다.

팬에서 볶아내기

05 당근은 기름에 볶으면서 소금간, 도라지는 참기름으로 볶으면서 소금간, 표고버섯과 소고기는 기름에 볶는다.

꼬치에 꿰기

06 준비한 재료를 산적 꼬치에 색을 맞추어 끼운 후 위와 아래를 다듬어 준다.

지지기

07 다듬은 꼬치는 밀가루를 묻힌 후 고루 털어내고 달걀 푼 것을 앞뒤로 씌워 팬에 기름을 두르고 지져낸다.

완성하기

08 식으면 산적꼬치를 빼낸 후 접시에 담아낸다.

14 풋고추전

25분

재료 손질하기

01 풋고추는 꼭지를 따고 반으로 갈라 씨와 속을 제거하고 5cm 길이로 자른다.

02 끓는 물에 소금을 넣고 풋고추를 파랗게 데쳐내어 찬물에 헹구어 물기를 닦는다.

03 파와 마늘은 곱게 다진다.

04 소고기는 곱게 다지고, 두부는 면보를 이용하여 물기를 꼭 짠 후, 도마에서 칼등으로 곱게 으깨어 소고기와 합하여 양념하여 끈기가 나도록 치대어 소를 만든다.

고추 소 넣기

05 고추 안쪽에 밀가루를 뿌린 후 나머지는 털어내고 속은 편편하게 채운다.

팬에 지지기

06 속을 채워 넣은 쪽에 밀가루를 묻힌 후 나머지는 털어내고 달걀 옷을 입혀 팬에 기름을 두르고 고기가 익도록 지지고 한번 정도 뒤집었다 꺼낸다.

완성하기

07 지져낸 풋고추의 끝부분은 일정하지 않으므로 그 부분이 겹쳐지도록 담아낸다.

15 무생채

15분

재료 손질하기

01 무는 길이 6cm, 두께와 폭은 0.2cm로 일정하게 채썬다.

02 채썬 무에다 먼저 체에다 거른 고운 고춧가루를 넣어 버무려서 빨갛게 물을 들인다.

03 파, 마늘, 생강은 곱게 다지고 식초, 설탕, 소금, 깨소금을 넣어 양념을 만든다.

완성하기

04 고운 고춧가루로 물들인 무에 양념을 넣어 버무린다.

05 접시에 보기 좋게 담아낸다.

16 도라지생채

15분

재료 손질하기

01 통도라지는 깨끗이 씻어 윗부분을 잘라내고 위에서부터 껍질을 돌려가며 벗겨서 길이 6cm, 두께 0.3cm의 편으로 썰고 0.3cm 폭으로 가늘게 썰어 소금물에 절여 담근다.

02 절인 도라지는 주물러 씻어서 쓴맛을 없애고 면보에 싸서 물기를 꼭 짠다.

03 파 마늘은 곱게 다져 고추장, 고춧가루, 소금, 설탕, 식초, 깨소금과 한데 섞어 양념장을 만든다.

완성하기

04 도라지생채는 내기 직전에 양념장을 조금씩 넣어가며 색이 배이게 고루 무쳐낸다.

17 더덕생채

20분

재료 손질하기

01 통더덕은 깨끗이 씻어 윗부분을 잘라내고 위에서부터 껍질을 돌려가며 벗겨서 길이 5cm, 두께 0.3cm로 편썰기하여 소금물에 담가 쓴맛을 우려낸다.

02 쓴맛이 빠진 더덕은 물기를 닦고, 밀대로 밀어 가늘고 길게 찢는다.

03 파, 마늘은 곱게 다져 고춧가루, 식초, 설탕, 깨소금, 소금을 섞어 양념장을 만든다.

무치기

04 가늘고 길게 찢은 더덕에 양념장을 넣어 고루 무친다.

완성하기

05 접시에 담아낼 때는 부풀려서 담아낸다.

18 겨자채

35분

재료 손질하기

01 소고기는 덩어리째로 끓는 물에 삶아서 면보로 모양을 잡아주고 무거운 것으로 잠시 눌렀다가 폭 1cm, 두께 0.3cm, 길이 4cm로 썬다.

02 겨자는 따뜻한 물로 되직하게 갠 후 편육용 냄비뚜껑 위에 엎어서 10여 분 두어 발효시켜 매운맛이 나도록 한 후 식초, 설탕, 소금, 간장, 물을 넣고 잘 푼 후 체에 내려 겨자즙을 만든다.

03 채소(양배추, 오이, 당근)는 폭 1cm, 두께 0.3cm, 길이 4cm의 골패형으로 썰어 찬물에 담가 싱싱하게 한 후, 체에 건져낸다. (단, 양배추는 지급된 재료의 두께로 한다)

04 밤은 껍질을 벗겨 0.3cm 두께로 납작하게 썬다.

05 배는 껍질을 벗겨 속을 제거한 후 채소와 같은 크기로 썰어 설탕물에 담근다.

06 달걀은 황 · 백을 나눠 고명용 지단보다 조금 도톰하게 부쳐 채소와 같은 크기로 썬다.

07 잣은 고깔을 떼어 준비한다.

완성하기

08 준비한 채소의 물기를 닦고 편육과 섞어 겨자즙을 뿌려 버무리고 그릇에 담아 고명으로 황 · 백지단과 통잣을 올린다.

19 육회

20분

재료 손질하기

01 소고기는 기름기가 없는 신선한 살코기로 얇게 저며 결 반대 방향으로 0.3cm×0.3cm로 가늘게 채썬다.

02 마늘의 일부는 편으로 얇게 썰고, 나머지는 파와 함께 곱게 다져 소금에 넣어 양념장을 만든다.

03 배는 껍질을 벗긴 후 0.3cm×0.3cm×5cm 길이로 고르게 채 썰어 설탕물에 담근다.

04 잣은 고깔을 떼고 종이 위에 올려 곱게 다진다.

양념하기

05 소고기에 준비한 양념장을 넣어 무쳐준다.

완성하기

06 접시 가장자리에 물기 뺀 배 채를 가지런히 돌려 담고 가운데 양념한 고기를 소복이 담는다.

07 편으로 썬 마늘을 고기에 기대어 돌려담고 육회 위에 잣가루를 뿌린다.

20 미나리강회

35분

재료 손질하기

01 소고기는 핏물을 제거한 후 끓는 물에 삶아 눌러 식혀서 폭 1.5cm, 두께 0.3cm, 길이 5cm로 썬다.

02 미나리는 줄기만 다듬어 끓는 물에 소금을 넣고 데쳐서 찬물에 행궈 물기를 꼭 짠다.

03 달걀은 황 · 백으로 지단을 도톰하게 부친 후 식으면 편육과 같은 크기로 썬다.

04 홍고추는 반으로 갈라 씨를 빼고 폭 0.5cm, 길이 4cm로 썬다.

초고추장 만들기

05 고추장에 식초, 설탕, 물을 넣고 고루 잘 섞는다.

말아주기

06 편육, 백지단, 황지단, 홍고추 순으로 가지런히 얹고 미나리로 중간을 돌려 말아준다. (전체 길이의 1/3 정도 감는다)

07 초고추장을 곁들여 낸다.

21 두부조림

25분

재료 손질하기

01 두부는 가로 3cm, 세로 4.5cm, 두께 0.8cm의 직사각형 모양으로 일정하게 썰은 후 소금을 뿌린다.

02 대파의 1/2은 1.5cm 길이로 채썰고, 나머지는 다져 양념장에 쓴다. 실고추는 1.5cm 정도로 끊어놓는다.

양념장 만들기

03 간장에 설탕, 다진파, 다진마늘, 깨소금, 참기름, 후춧가루를 넣어 섞어 놓는다.

두부 지지기

04 두부의 물기를 제거한 후 팬에 기름을 두르고 뜨거워지면 두부를 앞, 뒤로 노릇노릇하게 지져낸다.

두부 조림하기

05 냄비에 두부를 넣고 양념장을 끼얹고 물을 조금 부어 천천히 조린다. (중간중간에 양념장을 골고루 끼얹어 가며 조린다)

06 두부가 어느 정도 조려지면 파채, 실고추를 올린 후 잠시 뚜껑을 덮었다가 담아낸다.

완성하기

07 완성된 두부를 살짝씩 겹쳐서 담고 조림에 남은 국물을 촉촉하게 끼얹어 낸다.

22 홍합초

20분

재료 손질하기

01 생홍합은 깨끗이 씻은 후 잔털을 제거하고, 끓는 물에 살짝 데쳐낸다.

02 마늘과 생강은 0.2cm 두께로 편으로 썰고, 파는 2cm 길이로 썰어 놓는다.

03 종이 위에 고깔 뗀 잣을 놓고 곱게 다져 잣가루를 만든다.

조리기

04 냄비에 간장, 설탕, 물을 넣고 끓으면 마늘편, 생강편, 데쳐낸 홍합을 넣어 중불에서 국물을 끼얹어가며 은근히 조린다.

05 국물이 어느 정도 졸아들면 파를 넣고 마지막에 후춧가루와 참기름을 넣어 섞는다.

완성하기

06 그릇에 조려진 홍합초를 담고 조린 국물을 약간 끼얹은 후 잣가루를 뿌려낸다.

23 너비아니구이

25분

재료 손질하기

01 소고기는 기름기와 힘줄을 제거한 후 가로 · 세로 5cm×6cm, 두께 0.4cm 정도로 썰어서 칼등으로 자근자근 두들겨 부드럽게 한다.

02 배는 껍질을 벗기고 강판에 갈아서 면보에 꼭 짜서 배즙을 만든다.

03 간장에 준비한 배즙과 양념을 넣어 양념장을 만든다.

고기 재워두기

04 양념장에 고기를 한 장씩 담가서 고루 양념을 묻혀 재워둔다.

굽기

05 석쇠를 불에 달궈 기름을 바르고, 양념장에 재워둔 고기를 가지런히 얹어 중불에서 타지 않게 구워낸다.

완성하기

06 접시에 구운 고기를 살짝씩 겹치게 담아내고 잣가루를 뿌려낸다.

24 제육구이

30분

재료 손질하기

01 돼지고기는 5cm×6cm, 두께 0.3cm로 썬 후 앞뒤로 잔 칼집을 넣어, 오그라들지 않게 한다.

양념장 만들기

02 고추장에 간장, 설탕, 다진파, 다진마늘, 생강즙, 깨소금, 참기름, 후춧가루를 넣고 양념장을 만든다.

고기 재워두기

03 손질한 고기에 만들어 놓은 양념장을 고르게 발라 간이 배도록 한다.

석쇠에 굽기

04 석쇠를 달궈 기름을 발라준 후 고기를 얹어 타지 않게 충분히 구워낸다.

완성하기

05 구워준 돼지고기를 살짝씩 겹쳐 담아낸다.

25 북어구이 20분

재료 손질하기

01 북어포는 물에 잠깐 불려 물기를 눌러짜고 지느러미, 머리, 꼬리를 제거하고 뼈를 발라 낸 후 6cm 길이로 자른다.

02 등쪽껍질에 대각선으로 칼집을 넣어 오그라들지 않게 준비한다.

양념장 만들기

03 고추장에 설탕, 간장, 다진파, 다진마늘, 깨소금, 참기름, 후춧가루를 넣고 고루 섞어 양념장을 만든다.

유장 바르기

04 손질한 북어의 앞뒤로 유장을 골고루 발라준다.

초벌구이

05 석쇠를 달궈준 후 기름을 바르고 초벌구이한다.

굽기

06 초벌구이한 북어에 고추장 양념장을 앞뒤로 고르게 바르고 석쇠에 올려 타지 않게 구워낸다.

26 더덕구이 30분

재료 손질하기

01 통더덕은 깨끗이 씻어 윗부분을 잘라내고 위에서부터 껍질을 돌려가며 벗겨서 큰것은 2~3등분, 작은것은 반으로 갈라 소금물에 담근다.

02 소금물에 우린 더덕은 물기를 닦고 밀대로 밀거나 자근자근 두들겨 편편하게 편다.

03 손질한 더덕에 유장을 발라준다.

양념장 만들기

04 고추장에 설탕, 간장, 다진파, 다진마늘, 깨소금, 참기름을 넣어 양념장을 만든다.

초벌구이

05 유장을 발라준 더덕을 석쇠에서 초벌구이한다.

양념장 발라굽기

06 초벌구이한 더덕에 고추장 양념장을 골고루 바른 후 타지 않도록 구워낸다.

완성하기

07 접시에 가지런히 담아낸다.

27 생선양념구이 30분

생선 손질하기

01 생선은 비늘을 긁고, 지느러미를 손질하고 아가미에 나무젓가락을 넣어 내장을 꺼낸 다음 깨끗이 씻어 준비한다.

02 손질된 생선 등쪽에 2cm 간격으로 3번 칼집을 넣어 소금을 뿌려둔다.

양념장 만들기

03 파, 마늘을 곱게 다진다.

04 고추장에 나머지 양념을 섞어 고추장 양념을 만든다.

유장 처리하기

05 02의 생선의 물기를 닦은 후, 유장을 만들어 골고루 발라 재워둔다.

구이

06 석쇠를 달궈 기름을 바르고 유장 처리한 생선을 초벌구이한 후 고추장 양념장을 발라 타지 않게 굽는다.

완성하기

07 완성된 생선구이는 머리가 왼쪽, 배가 앞쪽으로 오도록 담아낸다.

28 잡채

35분

재료 손질하기

01 오이는 0.3cm×0.3cm×6cm로 채썰어 소금에 절였다가 물기를 꼭 짠다.

02 도라지는 오이와 같은 크기로 찢어 소금에 절여 주물러 씻어 쓴맛을 우려낸 다음 물기를 꼭 짠다.

03 양파와 당근도 규격에 맞춰 채 썰고, 숙주는 머리와 꼬리를 떼어내고 끓는 물에 데쳐낸 후 물기를 짜고 소금과 참기름으로 양념한다.

04 소고기와 표고버섯을 같은 크기로 채썰어 갖은 양념하고, 물에 불린 목이버섯은 손질하여 적당한 크기로 찢는다.

05 달걀은 황 · 백으로 나누어 소금을 뿌려둔다.

재료 볶기

06 달걀을 황 · 백 지단을 부쳐 0.2cm×0.2cm×4cm로 썬다.

07 팬에 기름을 두르고 오이, 도라지, 양파, 당근, 목이버섯, 표고버섯, 소고기 순으로 볶는다. (양파, 당근은 소금간하기)

당면 삶기

08 당면은 끓는 물에 삶아 찬물에 헹구어 건져준 후 적당한 길이로 잘라 간장, 설탕, 참기름(유장처리)으로 밑간을 해두었다가 볶는다.

완성하기

09 양념하여 볶은 당면에 볶아둔 재료를 섞어 간장, 소금, 설탕, 깨소금, 참기름을 넣고 고루 버무려 접시에 담아준 후 고명으로 준비한 황 · 백 지단채를 가지런히 얹어낸다.

29 탕평채

35분

재료 손질하기

01 청포묵은 길이 6cm 두께와 폭은 0.4cm로 썬 후 끓는 물에 데쳐내어 부드럽게 한 후 식혀서 소금과 참기름으로 양념한다.

02 숙주는 거두절미(머리와 꼬리를 떼고)하고 미나리는 다듬어 4~5cm 길이로 잘라, 끓는 물에 소금을 약간 넣고 각각 데쳐 찬물에 헹궈 물기를 제거한다.

03 소고기는 0.3cm×0.3cm×5cm로 채썰은 후 갖은 양념을 하여 볶아낸다.

04 달걀은 황 · 백으로 나누어 지단을 부쳐 4cm 길이로 채썬다.

05 김은 살짝 구워 부순다.

초간장 만들기

06 간장에 식초, 설탕을 넣고 잘 섞어 초간장을 만든다.

완성하기

07 준비된 채소와 소고기에 초간장을 넣어 무치고 청포묵과 함께 살짝 버무린다.

그릇에 담기

08 완성된 탕평채를 그릇에 담은 후 구운 김과 지단채를 고명으로 얹는다.

30 칠절판

40분

밀전병 반죽 만들기

01 밀가루는 체에 친후 8큰술을 준비하고 소금물 6~7큰술을 넣어 멍울이 없이 풀어서 체에 내린다.

재료 손질하기

02 오이는 5cm 길이로 돌려 깎기한 후 0.2cm×0.2cm로 채썰어 소금에 절였다 꼭 짠다.

03 당근도 오이와 같은 크기로 채썰어 소금을 살짝 뿌린다.

04 소고기는 채소와 같은 크기로 채썰은 후 갖은 양념을 한다.

05 석이버섯은 뜨거운 물에 불려 이끼를 제거하고 돌을 따낸 후 물기를 제거하고 돌돌 말아 채썰어 참기름, 소금으로 조미한다.

06 달걀은 황 · 백으로 분리하여 소금을 조금 넣고 저어서 거품을 걷고 준비한다.

재료 볶기

07 달걀은 지단을 부쳐 5cm×0.2cm×0.2cm로 곱게 채썬다.

08 팬에 기름을 두른 후 오이, 당근(볶으면서 소금간하기), 석이버섯, 소고기 순서로 볶아낸다.

밀전병 부치기

09 팬에 기름을 조금 두른 후 불을 약하게 하여 직경 8cm 크기로 밀전병을 부친다.

완성하기

10 접시에 볶아낸 재료들을 색스럽게 돌려 담은 후 중앙에 밀전병을 담아낸다.

31 오징어볶음

30분

재료 손질하기

01 오징어는 먹물이 터지지 않게 내장을 제거하고 몸통과 다리의 껍질을 벗겨 깨끗이 씻은 후 몸통 안쪽에 가로, 세로 0.3cm 간격으로 어슷하게 칼집을 넣어 4cm 길이, 1.5cm 폭으로 썰어 준다.

02 양파는 한장씩 떼어 1cm 너비로 썰고, 대파는 0.5cm 두께로 어슷하게 썬다. 홍고추와 풋고추는 0.8cm 두께로 어슷썰기하여 씨를 털어낸다.

03 마늘과 생강은 곱게 다져 놓는다.

양념장 만들기

04 고추장에 고춧가루, 설탕, 간장, 다진마늘, 다진생강, 깨소금, 참기름, 후춧가루를 넣어 양념장을 만든다.

팬에 볶기

05 뜨거운 팬에 기름을 두르고 양파, 풋고추, 홍고추 순으로 볶으면서 양념장을 넣고, 오징어를 넣어 볶다가 대파를 넣고 가볍게 섞는다.

완성하기

06 마지막으로 참기름을 넣고 고루 섞어 그릇에 담아낸다.

32 배추김치

35분

배추 물기빼기

01 절임배추는 흐르는 물에 3~4회 씻어서 소금기를 빼고 속 부분이 밑으로 가도록 엎어 물기를 빼놓는다. 물기가 빠지면 배추 꼭다리 부분을 칼로 잎이 떨어지지 않도록 다듬는다.

찹쌀 풀 쑤기

02 건식 찹쌀가루(1.5큰술)에 분량의 물(1컵)을 넣고 잘 풀어 저어가며 찹쌀 풀을 끓여 차갑게 식힌다.

소 재료 준비

03 무는 0.3cm×0.3cm×5cm 크기로 채 썰어 고춧가루 1큰술 정도를 넣고 버무려 색을 들인다.

04 실파와 갓, 미나리, 대파(채 썰기)는 손질하여 4cm로 썰고 마늘, 생강, 새우젓은 다진다.

양념 장 만들기

05 식힌 찹쌀 풀 2~3큰술(찹쌀 풀의 농도에 따라 가감)에 나머지 고춧가루와 멸치액젓1/2큰술, 다진 새우젓 1큰술, 다진마늘 1큰술, 다진생강 1작은술, 설탕1/2큰술, 소금약간을 넣고 섞어 양념장을 만들어 불려 놓는다.

소 재료 양념하여 버무리기

06 05의 양념장에 고춧가루로 물들인 무채를 넣고 버무린 다음 부재료(갓, 미나리, 대파, 실파)를 넣어 풀 내가 나지 않도록 살살 버무려 배추소를 만든다.

완성하기

07 물기 빠진 절임 배추 잎 사이사이에 배추소를 고르게 펴서 채워 넣고 반을 접어 바깥 잎으로 소가 빠지지 않고 공기가 들어가기 않도록 전체를 싸서 담아낸다.

33 오이소박이

20분

재료 손질하기

01 오이는 소금으로 문질러 씻은 후 양쪽 끝을 잘라 내고 6cm 길이로 3토막을 내어 양쪽 끝이 1cm씩 남도록 3~4갈래 칼집을 넣어 소금물에 절여 둔다.

02 부추는 다듬어 씻은 후 1cm 길이로 송송 썰고 대파, 마늘, 생강, 새우젓은 곱게 다진다.

소 만들기

03 고춧가루에 다진 새우젓과 물, 소금, 다진파, 다진마늘, 다진생강을 넣고 촉촉하게 갠 후 썬 부추를 넣고 살살 버무려 소를 만든다.

소 채워 넣기

04 절여진 오이는 물에 씻어 물기를 짜고 양끝을 살짝 눌러 칼집 사이에 소를 고르게 들어가도록 채워 넣는다.

김칫국물 만들기

05 소를 버무렸던 그릇에 물 2큰술과 소량의 소금을 넣어 간을 맞춘 뒤 체에 걸러 김칫국물을 만든다.

완성하기

06 완성된 오이소박이를 그릇에 담고 김칫국물을 소박이 위에 2큰술 정도 촉촉하게 부어 낸다.

한식조리기능사 실기시험문제

발 행 일	2025년 1월 05일 개정18판 1쇄 인쇄 2025년 1월 10일 개정18판 1쇄 발행
저 자	노수정 · 권용숙 · 박현덕 공저
발 행 처	크라운출판사 http://www.crownbook.com
발 행 인	李尙原
신고번호	제 300-2007-143호
주 소	서울시 종로구 율곡로13길 21
공 급 처	02) 765-4787, 1566-5937
전 화	02) 745-0311~3
팩 스	02) 743-2688
홈페이지	www.crownbook.co.kr
I S B N	978-89-406-4867-4 / 13590

저자 도장 인쇄

특별판매정가 20,000원

이 도서의 문의를 편집부(02-6430-7006)로 연락주시면 친절하게 응답해 드립니다.